高拱坝模型试验关键技术问题研究

丁泽霖　著

科学出版社

北　京

内 容 简 介

本书系统地介绍高拱坝模型试验关键技术的研究成果,针对地质力学模型试验中存在的模型材料及模拟技术方面、模型量测技术方面、试验成果分析方法等关键技术问题,结合工程中的特点和难点,展开高拱坝模拟研究。内容包括:概述、地质力学模型试验理论与方法、模型材料及模拟方法研究、拱坝坝肩稳定破坏机理试验研究、光纤光栅监测在模型试验中的应用研究、高拱坝坝肩典型块体抗滑稳定性分析。

本书适用于高拱坝设计、施工、运行管理人员阅读,并可供大专院校师生阅读。

图书在版编目(CIP)数据

高拱坝模型试验关键技术问题研究 / 丁泽霖著.—北京:科学出版社,2016.10

ISBN 978-7-03-050206-3

Ⅰ. ①高⋯ Ⅱ. ①丁⋯ Ⅲ. ①高坝-拱坝-水工模型试验-研究
Ⅳ. ①TV642.4

中国版本图书馆CIP数据核字(2016)第240812号

责任编辑:耿建业 武 洲 / 责任校对:桂伟利
责任印制:张 伟 / 封面设计:铭轩堂

科 学 出 版 社 出版
北京东黄城根北街 16 号
邮政编码:100717
http://www.sciencep.com

北京厚诚则铭印刷科技有限公司 印刷
科学出版社发行 各地新华书店经销

*

2016 年 10 月第 一 版 开本:720×1000 1/16
2016 年 10 月第一次印刷 印张:8 1/4
字数:207 000

定价:80.00 元
(如有印装质量问题,我社负责调换)

前　　言

　　拱坝是坝工建设中的一种主要坝型，它具有体积小、泄洪布置方便、潜在安全度高、抗震性能好等特点，在坝型选择中优先考虑拱坝坝型已成为坝工建设中的一个重要的发展趋势。然而，我国近期在建或拟建的高拱坝，大多位于西部地区河流上，其主要特点是山高谷深、河谷狭窄、地质条件复杂、地震烈度高等，同时工程规模大、电站装机容量大、水库库容大，拱坝坝肩的稳定问题十分突出，直接影响工程的安全性，因而需要深入开展复杂岩基上高拱坝坝肩稳定性研究，地质力学模型试验是解决上述问题的一种重要方法。

　　地质力学模型试验是根据一定的相似原理对拱坝与地基联合作用问题进行缩尺研究的一种破坏试验方法。试验的主要目的是研究大坝与地基的整体稳定安全度，了解拱坝及坝肩的变形失稳过程、破坏机理和破坏形态，揭示其影响坝肩稳定的薄弱部位，其试验结果给人以直观的感觉。但地质力学模型试验有许多关键技术难题，至今未得到完全满意的解决。例如，在模型材料相似模拟方面：高拱坝工程地质条件复杂，坝肩各类岩体往往存在着变形模量变化幅度大、不均匀性严重等特点，如立洲拱坝坝肩岩体变形模量从 2~12GPa 不等，这些岩体的不均匀性是影响坝肩变形的主要因素，同时，坝肩岩体中大多存在着断层、岩脉及各种软弱结构面，对坝肩稳定影响严重，因此在地质力学模型试验中，需要深入系统地开展模型相似材料研究，以适应对复杂地质条件更精细化模拟要求。在模型量测技术方面：光纤应变传感技术是一种新的测试手段，能否将其应用到地质力学模型试验中，需要开展探索性研究。在试验成果分析方面：针对坝肩岩体被断层、裂隙相互切割形成不同规模的典型块体情况，在研究拱坝整体稳定性的同时，还应分析典型滑块的稳定性等。

　　本书针对上述关键技术问题进行研究，首先总结国内外高拱坝工程的研究现状和研究方法，重点开展地质力学模型材料和试验技术研究，并将研究成果应用于木里河上的立洲拱坝工程，进行了立洲拱坝三维地质力学模型试验，分析复杂地质条件下拱坝及坝肩的稳定性和破坏失稳机理，验证模型试验成果的可靠性，为工程设计、施工和加固处理提供了重要科学依据。本书研究工作与工程实际需要紧密结合，通过开展深入而系统的研究，取得了以下创新性成果。

　　(1)进行了模型岩体材料变形特性及结构面材料强度特性的相似模拟研究。针对坝肩岩体不均匀性严重，变形模量 E 变化幅度大的问题，需要研制出与之相适应的模型材料，为此，开展了模型岩体材料中各组成成分对变形模量 E 的影响研究，试验结果表明，岩体材料组成成分中，水泥、石蜡和机油是控制高、中、低变形模量的主要因素，建立了各组成成分如水泥、石蜡和机油与变形模量 E 的变化关系曲线，这一研究成果适应了不均匀岩体对模型材料高、中、低变形模量的要求，提出了不同变形模量的岩体材料采用不同尺寸的模型小块体进行精细化模拟。针对各类结构面抗剪强度差异大的问题，提出了采用可熔性高分子软料夹不同塑料薄膜来模拟软弱结构面，通过改变薄膜材料与可熔性高分子软料的组合形式，满足结构面的摩擦系数，并通过控制软料中可熔性高分子材料的含量，以及调整薄膜材料的组合形式，可以实现模型结构面抗剪强度 $\tau'_m(f'_m, c'_m)$ 的综合控制。根据上述研究成果，研制了满足立洲拱坝坝体及坝肩岩体、断层和优势裂隙带等力学指标的模型相似材料。

(2)开展了光纤光栅应变传感技术在高拱坝三维地质力学模型试验中的应用研究。研制了适用于地质力学模型试验的光纤光栅应变传感器，并以立洲拱坝三维地质力学模型为试验基础，在坝体上游建基面及顶拱圈周边铺设光纤光栅应变传感器，得到坝体超载过程中的光纤测点的应变分布情况，通过对比分析光纤传感器和传统监测方法对坝体和坝基的监测结果，表明两者在对应部位的监测结果基本一致，证明了光纤光栅应变传感器在三维地质力学模型试验应用中的可行性。

(3)开展了典型滑移块体的失稳机理研究。针对高拱坝坝肩岩体被断层或裂隙相互切割形成不同规模的典型块体，在拱推力作用下可能沿着结构面产生滑移而失稳的情况，本书结合立洲工程，根据坝肩结构面产状及组合形态，对立洲拱坝坝肩潜在典型滑移失稳问题进行了初步分析，得到了四个典型块体及其潜在滑移模式，并在地质力学模型试验中对四个典型块体的滑裂面进行监测。由试验所得结果，分析了坝肩典型块体滑动机理及滑移模式，得到了四个典型块体抗滑稳定安全系数，总结了坝肩典型块体侧裂面及底滑面的非线性滑动失稳的相对变位临界值，论证了坝肩典型块体的稳定安全性。

(4)进行了立洲拱坝三维地质力学模型试验研究。通过试验，得到了大坝及基础的变形及分布特性，获得了立洲拱坝超载法试验坝与地基整体稳定安全度：起裂超载安全系数 $K_1=1.4\sim2.2$，非线性变形超载安全系数 $K_2=3.4\sim4.3$，极限超载安全系数 $K_3=6.3\sim6.6$。参考相关规范，安全系数均满足要求，说明拱坝坝肩是稳定的。

(5)提出了立洲拱坝坝肩及坝基的超载破坏过程、破坏形态及破坏机理，分析坝体及基础的开裂情况。在超载条件下，两坝肩最终出现变形失稳破坏，且破坏形态不对称，具体表现在左坝肩比右坝肩严重，这是由于左坝肩软弱结构面相对集中对坝肩变形和稳定的影响较大所致。影响左坝肩稳定的主要结构面是 f5、f4、

Lp285、L2、fj2、fj3、fj4，影响右坝肩稳定的主要结构面是 f4 及 Lp4-x、fj3、fj4。破坏区域主要出现在坝肩岩体中上，尤其是各结构面在出露处及附近岩体破坏严重，建议工程上对坝肩破坏严重部位进行适当加固处理。

　　本书部分内容是在笔者博士论文和近年来对大坝模型试验等研究成果的基础上凝练而成，相关资料的收集、整理得到了华北水利水电大学、四川大学等单位老师、同仁的大力支持与帮助。另外，部分理论也参考和借鉴了国内外相关论著、论文的观点。笔者在此表示感谢。本书的出版得到了水资源高效利用与保障工程河南省协同创新中心以及国家自然科学基金项目(51609087)、河南省高校科技创新团队支持计划(14IRTSTHN028)等项目的资助。

　　高拱坝模型试验研究涉及多因素影响且相对复杂，目前仍有许多问题有待解决，由于作者水平有限，不足之处恳请专家和读者不吝批评指正。

作　者

2016 年 9 月

目　　录

第1章 绪 论

1.1 研究背景和意义

随着我国国民经济的快速发展，能源问题已经成为制约我国经济发展的重要因素[1]。西部大开发战略的深入，使得我国西部地区巨大的水电资源得到开发与利用，"清洁、可再生"的水电资源将成为我国实现经济腾飞和民族振兴的必然动力。西部地区作为国家重要的能源基地，相继兴建了一批高坝大电站，例如，锦屏一级拱坝（坝高305m）、小湾拱坝（坝高294.5m）、大岗山拱坝（坝高210m）、白鹤滩拱坝（坝高289m）等。这些高坝的主要特点是：坝高库大、拱坝承载强度大、工程地质条件相当复杂，如澜沧江上的小湾拱坝[2]，坝高294.5m，枢纽区断裂构造较发育，存在有不同规模的断层、挤压带、蚀变岩带及节理裂隙等主要地质缺陷；又如雅砻江上的锦屏一级拱坝[3]，坝高305m，坝址区位于变质岩地区，坝肩坝基发育有断层、层间挤压带、深部卸荷裂隙等各类结构面，这些复杂地质条件对拱坝稳定带来极为不利的影响。

拱坝是一种高次超静定空间壳体结构，以其混凝土体积小、施工快速、超载能力强等优点而得到了较广的应用和发展。拱坝在空间上是一种不甚规则的壳体结构[4]，它通过自身调节作用，将水荷载等外荷载以水平推力方式传至两岸坝肩岩体，坝体应力状态以受压为主，充分发挥混凝土抗压强度高的特点，同时，拱坝作为高次超静定的空间壳体结构，也具有相当强的承载能力。由于拱坝的荷载主要是通过拱的作用传递到两岸坝肩，所以坝肩岩体的稳定是影响高拱坝整体稳定的重要因素[5]，因此，需要开展高拱坝坝肩稳定分析，确保工程的安全运行。

由于高拱坝坝肩稳定分析的对象是被断层、节理等软弱结构面相互切割而成的非连续性、非均匀的天然岩体，其力学特性不像拱坝本身那样易于控制，具体来说坝肩坝基稳定问题研究受以下因素影响：①工程地质条件复杂，断层、夹层、蚀变带、节理裂隙等软弱结构发育，它们的产状、特性、形式、分布都具有不确定性，地基处理难度大；②坝高库大、工程规模宏大，作用于高坝的荷载除了水推力，还有坝体及岩体的自重、扬压力、岩体内的地应力、地震荷载、温度荷载、渗流场等，其中多种荷载属于不确定荷载，影响高坝稳定的荷载及荷载组合情况复杂；③坝肩岩体力学指标差异大，随机分布的结构面将岩石切割成为结构和力学参数均不连续的岩体，所以这种不连续岩体的特性往往是岩块和结构面的综合特性，而且结构面的结构特征和力学特征越复杂，与岩块的力学差异越大，岩体表现出的多相不连续、非均匀、非弹性和各向异性现象就越突出；④软弱结构长期在库水的侵润(蚀)、渗透、溶蚀等作用下，易发生泥化、软化、湿化、流变等强度降低的力学效应的特点，因此高坝整体稳定问题突出。

以下是我国近期开发建设的部分高坝工程及影响坝肩稳定的主要地质构造特点。

(1)坝基岩体不均匀性。

锦屏一级水电站是雅砻江干流上的重要梯级电站，混凝土双曲拱坝坝高305m，装机容量3600MW。

坝基基岩不均匀性十分严重，坝基岩体II、III1、III2、IV1、IV2级的变形模量从 2～30GPa 不等，导致在受力条件下变形分布不一致，影响坝肩及坝基稳定性。其中，影响右坝肩稳定的主要因素是：断层 f_{13}、f_{14}、$T_{2-3Z}^{2(4)}$ 含大理岩中的绿片岩透镜体夹层、近 SN 向的陡倾裂隙等。影响左坝肩稳定的主要因素是：断层 f_5、f_8、f_2、F_1 及煌斑岩脉 X、$T_{2-3Z}^{2(6)}$ 大理岩层间挤压带、深部裂缝 SL15 及其周围的松弛破碎岩体和顺坡向节理裂隙等[6]。

(2)断夹层纵横交错。

小湾水电站是澜沧江干流第二个阶梯电站，总装机容量420MW。混凝土抛物线变厚度双曲拱坝，最大坝高294.5m[7]。

小湾拱坝坝肩地质条件非常复杂，主要表现在以下几个方面：①断层和蚀变带纵横交错，II级断层有 F7，III级断层有 F5、F10、F11、F19 等 19 条，IV级小断层有 f11、f10、f14、f17、f19、f12，此外两岸坝肩抗力体中还发育有 5 条蚀变岩带，其中右岸从西向东依次为 E5、E4、E1 和 E9，左岸 1 条，为 E8；②坝基坝肩开挖后出现浅层卸荷松弛现象，主要表现在沿已有裂隙错动、张开和扩展的现象、岩爆现象等；③多组不连续节理裂隙相互切割。V级构造结构面的节理发育，按产状分为近 SN 向、近 EW 向和顺坡缓倾角，即"两陡一缓"三组节理组。结果导致不同类别岩体在三维空间上沿不同高程形成变倾角节理裂隙组。

(3)层间错动带发育。

溪洛渡水电站是金沙江干流上的一个梯级电站，电站总装机容量12600MW，混凝土双曲拱坝坝高278m[8]。

溪洛渡拱坝坝肩岩体由 12 层玄武岩岩流层组成，其中：在大坝410m 高程以下，为 1～5 岩流层，具有单层厚度较薄，层间错动带断续分布，层内错动带较为发育的特点；在大坝 410～510m 高程内为第 6 岩流层，该层厚度大，约 70m 左右；在大坝 510～610m 高程内，为 7～12 岩流层，各岩流层具有单层厚度较薄、层间错动发育的特点。

以上这些都说明在研究坝肩可能的破坏机制时，需要深入了解工程地质和水文地质情况，选择恰当的稳定分析方法，以便真实反映坝肩岩体的变形破坏机制。所以研究坝肩岩体稳定的实质，就是研究具有复杂地质条件和多种力学特征的岩体在一定外在因素作用下的变形特征、破坏过程及破坏机理。

目前我国正在兴建的立洲拱坝最大坝高 132m，是世界级高碾压砼高拱坝，坝址区地形条件优越，但地质条件较为复杂，具体表现为以下几个方面。

(1)岩体不均匀性严重：坝址区岩体不均匀性十分严重，各类岩体变形模量从 2～12GPa 不等，导致在受力条件下变形分布不一致，影响坝肩及坝基稳定性。

(2)断层和长大裂隙纵横交错，坝址区发育有 F_{10}、f_2、f_4、f_5 四条断层(其中 F_{10}、f_2 属Ⅱ级结构面，f_4、f_5 属Ⅳ级结构面)、2 条长大裂隙(L1、L2 属Ⅳ级结构面)。

(3)层间剪切带横切山谷，开挖以后，坝基面浅表部位岩体开挖变形破裂、卸荷松弛表现明显，尤其是处在高应力区的低高程坝基。

(4)坝肩多组不连续节理裂隙相互切割，4 组近 EW 走向优势裂隙等主要的地质缺陷。

1.2　高坝地基稳定研究方法

在早期拱坝建设中，人们往往只关注拱坝本身的受力状态，而忽视了坝肩岩体对拱坝安全稳定性的影响，直到 1959 年，法国马尔帕赛拱坝溃坝，人们才开始对拱坝整体稳定性分析评价有了新的认识[9]，由重视坝体上部结构研究转向重视高拱坝整体稳定研究。据统计，大约有 40%的大坝失事是由于坝基地质缺陷或处理不当所致[10]。因此，高坝地基整体稳定问题逐渐成为国内外学者的热点研究问题，高坝地基整体稳定分析及其他相关理论的研究也得到发展和运用。

坝肩岩体不均匀性、岩体中结构面的不连续性以及拱坝的空间超静定特点，使得高坝地基整体稳定分析十分复杂，寻找一种能够真实反映坝肩岩体的变形破坏机制的稳定分析方法，准确地分析坝与地基整体稳定，已经成为高拱坝坝肩稳定分析的重要课题[11]。目前，国内外研究人员提出了多种高坝地基稳定分析方法，可以归纳为两大类：一是数学计算分析法；二是物理模型试验法，包括结构模型试验以及地质力学模型试验。在地质力学模型试验领域进一步开展新型地质力学模型材料、新型量测设备以及模拟新技术等研究[12]，进入了自动化、遥测和综合法试验阶段。

1. 有限元法[13]

有限元法是把连续体离散成有限个单元，配合一定的强度破坏准则下分别计算每个单元中节点的应力及位移，分析连续体应力应变状态。随着计算机技术的发展，有限元法逐渐成为了工程数值仿真的重要方法。在高坝坝基稳定计算方面，由于有限单元法可以方便地模拟坝体、地基地质复杂构造和材料分区，能较清晰地模拟施工过程和加载顺序，可进行弹塑性、静动力分析，因此有限元法在高坝地基稳定分析中的应用越来越广泛[14-23]。

针对坝肩节理岩体的研究，有限元法最早采用节点释放技术来模拟裂纹沿着单元边界的扩展。Belytschko 和 Black 等提出了扩展有限元(extended finite element method, XFEM)方法，XFEM 是近年来发展的一种可以用于模拟工程结构裂纹扩展的有限元模拟技术，该方法的特点在于不必划分非常细密网格就可以自动判断裂纹扩展方向和进行裂纹扩展，从而实现裂纹扩展的模拟计算[24,25]。

2. 刚体弹簧元法

刚体弹簧元法(rigid body spring method, RFEM)的基本思想是将结构离散成刚性单元，各单元接触面间由弹簧系统连接，刚性单元不变形，结构的变形通过单元接触面弹簧系统变形能体现。结构内部弹塑性变形通过单元间相对变形来体现，结构内部应力则通过单元边界面的面力来体现，因此刚体弹簧元可方便求得任意给定的潜在滑裂面的抗滑稳定安全系数。该方法计算相对简洁，在坝与地基的抗滑稳定分析中可方便求得稳定安全系数[28,29]，因此，已作为一种新的数值计算方法[26,27]在工程中应用。

3. 离散元法

离散元法最初用于模拟岩石边坡的渐进过程，该法采用牛顿定律得出不平衡力引起的速度和位移，可对不同岩块组成的岩体进行分析计算。它与其他数值方法不同的是，离散元将计算区划分成有限个独立的多边形块体单元，单元与单元之间通过接触点的耦合而互相连接在一起[30,31]。

4. 边界元法

边界元法是与有限元法同步发展起来的又一种数值计算方法[32-36]。该方法把均质区看成一个大单元，仅对单元边界进行离散化，区域内部不划分单元，场变量处处相等，边界元法把基本方程转化为边界积分方程，只对边界离散化建立相应的方程组进行求解。边界元法和有限元法在计算时各有缺点，为了发挥各自的优点，提高求解精度和效率，近年来提出了边界元-有限元耦合法，既充分发挥了边界元的优势，同时又能利用有限元法的长处，在工程应用中取得了满意的结果[37-41]。

5. 不连续变形分析法

石根华提出的不连续变形分析法(discontinuous deformation analysis，DDA)的研究对象是由节理切割而成的离散型块体系统，主要应用于分析裂隙岩体的安全稳定性[42-44]。该方法将岩体按节理、裂隙、断层等构造面作为边界，离散成一个个完整的块体，块体运动符合牛顿定律，块体之间不能相互嵌入；根据最小势能原理建立的整体平衡方程组，求解每个块体的位移。它既可以求解静动力学问题，又可以计算岩体滑动和变形问题。因此，DDA 广泛应用于水工结构及坝肩坝基变形稳定，以及采煤、挖矿等领域。

6. 物理模型试验方法[45]

物理模型试验主要有：结构的线弹性应力模型试验、结构模型破坏试验、抗滑稳定模型试验、地质力学模型试验等四种。其中结构的线弹性应力模型试验主要是研究水工混凝土建筑物在正常或非破坏的工作条件下的结构性态，模型加荷限制在结构模型材料的弹性范围内；结构模型破坏试验是将荷载按一定荷载步继续增加，直至结构模型受荷破坏，丧失承载能力为止，其目的主要是研究结构本身的极限承载能力或安全度；抗滑稳定模型试验主要用于研究基岩中已知软弱结构面的问题；地质力学模型试验[46-68]是通过在模型中全面模拟出岩体中的地质构造，较真实地体现出岩体的各向异性和非弹性等岩石力学特征，并以此研究结构的破坏机理和整体稳定性。

1.3　地质力学模型试验方法

20 世纪 60 年代中期，意大利贝加莫结构模型试验研究所(Experimental Institude for Models and Structures, ISMES)成功地进行了多项地质力学模型试验，到了 70 年代，模型试验研究浪潮转移到了中国等亚洲国家，模型试验特别是结构模型破坏试验和地质力学模型试验得到了充分的发展和广泛的应用。近年来我国的模型试验得到快速发展，结合我国的水电工程实际开展了大量的研究，在模型材料、模拟技术和量测技术等方面都取得了长足的进展[4]。

地质力学模型从弹塑性力学的观点出发，采用试验的手段，通过真实模拟岩体中断层、节理裂隙等软弱结构的结构特征，以及岩体的非均匀性、非弹性、非连续性及多裂隙的岩石力学特征，来研究坝与地基整体在外荷载特别是渐增荷载作用下，超出弹性范围以外的变形和破坏特性及其破坏失稳的整个变化过程，直观地揭示其破坏机理。目前在水电工程建设中，地质力学模型试验主要用来解决以下工程问题[69-74]。

(1)坝与地基的相互作用及共同作用。通过地质力学模型试验可以得到大坝与基础的相互影响，观测大坝断裂与基础破坏的相互影响，特别是得到坝与地基连接薄弱地区的情况，为坝基加固措施提供参考。

(2)地质构造对大坝稳定的影响。建在复杂地基上的大坝，地基中的复杂地质构造可能造成大坝变形过大、坝基出现失稳，对工程的安全稳定影响重大。通过地质力学模型，在模型中模拟断层、软弱夹层、破碎带、节理裂隙等地质构造，并在连续加荷或强度降低的状态下得到坝与地基的变形和破坏形态，从而分析坝肩坝基地质构造对工程安全的影响。

(3)加固措施研究。通过地质力学模型破坏时获得的破坏机制、承载能力和安全系数，可以研究相应的加固措施，并通过试验比较几种不同措施的加固效果，为获得更有效的加固措施提出建议。

(4)坝肩失稳破坏机理。地质力学模型试验为破坏试验，通过观测开裂破坏过程分析工程的破坏机理，从而作出相应的安全评价，为工程的加固处理提供科学依据。

随着高拱坝建设的不断发展，其坝肩岩体的多相不连续性、非均匀性、非弹性、各向异性等特点对坝肩稳定的影响越来越突出，这些问题也是地质力学模型试验所研究的重点，自研究者和工程师开发出并开始利用地质力学模型试验来解决实际工程问题以来，地质力学模型试验的试验理论和试验技术都得到了不断提高。目前地质力学模型试验的发展方向主要包括：模型材料及模拟技术、模型量测技术、试验结果处理方法等三个方面。

1.3.1　模型材料及模拟技术概况

正如前面所述，随着越来越多的高坝需要修建在具有复杂地质构造的岩基上，坝肩岩体力学指标差异大，岩体表现出的多相不连续、非均匀、非弹性和各向异性现象就越突出；断层、夹层、蚀变带、岩脉等软弱结构发育，它们的产状、特性、形式、分布都具有不确定性，在地质力学模型中，满足相似关系的模型材料是成功进行模型试验的关键，对于大型工程的研究，往往需要考虑建筑物及周围岩体在外荷载作用下，超过弹性范围直至破坏阶段的问题，所以在模型材料的选择上，已不同于传统的弹性模型试验，它需要考虑材料经过弹性、弹塑性阶段直至破坏的整个发展过程的相似问题。地质力学模型试验能否真实反映工程实际，除了岩石力学参数测试的准确性、选定概化模型的代表性，模型材料的力学性能也必须和原型材料的力学性能满足相似关系，尤其是对断层、软弱夹层和节理裂隙等软弱结构面的相似模拟至关重要。因此，研究满足相似关系的模型材料是地质力学模型试验最重要的内容之一，也是关系到模型试验是否取得成功的关键所在。长期以来，国内外的科研机构在模型材料领域不断地探索和推陈出新，取得了一定的成果[75-89]，但是要在模型试验中找到完全满足相似关系的模型材料还是十分困难。

在模型材料的选取方面：我国在国外研究基础上，进一步丰富了地质力学模型材料的选用范围，模型材料的选择也经历了由最初的线弹性材料—常规的地质力学模型材料—新型地质力学模型材料的研究过程。目前，国内正在使用的地质力学模型试验相似材料主要有：武汉水利电力大学韩伯鲤等研制的 MIB (membraniferous iron powder)材料，清华大学李钟奎等研制的 NIOS (natual iron ore sand)材料，山东大学的王汉鹏等研制的铁晶砂胶结材料[76,90,91]等，这些模型材料大多以机油、松香、酒精等有机材料类和石膏、水、水泥等无机材料为胶结剂，以铜粉、铁粉、铁精粉、膨润土、砂或硅藻土等为加重料，以甘油、松香、酒精、熟淀粉浆及石膏等为添加剂。

在结构面的模拟技术方面：对于摩擦系数的模拟，国外多采用清漆掺润滑脂及滑石粉等混合料涂于层面间，这种方法可获得较大幅度(f=0.1～1.0)的不同摩擦系数，但由于温度变化及喷涂工艺对它们的性能影响较大，成果离散度大，稳定性差；国内目前多采用不同光滑度的纸张来模拟结构面的摩擦系数，但由于纸张容易受潮影响使用效果，所以具有一定的局限性。

对于模型材料的模拟主要存在以下难点。

(1)坝肩岩体材料性能的控制。岩体材料性能通常是指岩体自身的强度、变模等力学指标，目前兴建的主要水电工程，如溪洛渡、锦屏一级和小湾等高拱坝工程，地质条件十分复杂，坝肩稳定问题非常突出，地质力学模型试验是研究此类高拱坝坝肩稳定问题的一种重要方法。但这些工程普遍存在着坝肩坝基岩体的力学性能差异较大的问题，具体表现在强度和变模变化范围大，如小湾工程中的 I 类到 V 类岩体的变形模量由 25GPa 变化到 5GPa，因此如何准确模拟出满足相似关系的此类变模范围较大的岩体模型材料是地质力学模型试验的关键内容，也是关系到模型试验是否取得成功的关键问题。

(2)对软弱夹层等软弱结构面的模拟。高拱坝工程地质条件复杂，坝肩地质构造中大多存在着断层、岩脉等各种软弱结构面，如立洲工程中坝肩断层和长大裂隙纵横交错，层间剪切带横切山谷，对坝肩稳定影响严重。因此在地质力学模型试验中，如何系统地模拟软弱结构面的几何特性及力学特性是试验技术上要解决的难题。

1.3.2　模型量测技术方法概述

模型量测技术是为了能够准确反映水工建筑结构及其坝肩坝基的受力状态、变形特征以及破坏机理而制定的合理方案和具体手段，通过模型试验获得各种参量并将它们变为分析问题所依据的数据、图表或曲线。在试验中，量测的物理量通常包括应力(实际上是量测应变)、荷载、位移、裂缝等，需要采用尽量多的测量手段，并需要一次性采集到尽量多的数据，这样可以保证试验数据采集的完整性。

在地质力学模型试验中，一般所测量的数据主要包括位移和应变，位移是各种物理量中最容易量测准确的，是最主要的量测物理量，也是分析问题的最重要的依据，近年来模型试验中位移量测手段已向高精度、传感微型化、自动化及遥测等方向发展，如在表面变移的量测中，一般采用悬臂式测位仪测量坝体及坝基岩体的变位分布[92]；李仲奎和王爱民[93]采用电阻式微型多点位移计，测量精度较高(可达 0.01mm)；在模型内部变位量测中，张林和胡成秋等研制的内部位移感应仪用于对坝肩软弱结构面相对位移的监测。

随着地质力学模型试验所研究工程的地质条件的越来越复杂，在模型数据分析上，以变位分析为主，应变量测作为辅助手段的量测方式已经不能满足试验要求。目前在模型试验中，最传统的测量模型坝体及坝肩内部应力应变的方法是将电阻应变片直接粘贴在模型的内外表面上，如王汉鹏等[91]在模型量测中采用高速静态应变采集分析系统。但是，应变量测作为坝体及坝肩岩体应力分析的主要依据，量测方法较为单一，因此，应该基于模型应变量测新技术的探索研究需求，开发尽量多的应变测量手段，以保证试验数据的多样性及完整性。

光纤量测最重要的技术是光纤传感技术[94]。光纤传感器技术是光纤通信技术的不断发展的产物，与传统的传感器相比，光纤传感器具有小巧、柔软、灵敏度高、抗电磁干扰等优点，因而得到广泛应用。在模型试验中，光纤传感监测也有所应用，如在裂缝监测中可以通过光纤网络布置的方式监测结构的随机裂缝以及捕捉结构的初裂等[95]。因此，如何将光纤传感技术应用于应变量测中，验证光纤光栅传感器在三维地质力学模型试验应用中的可行性，开展适用于地质力学模型的光纤光栅应变传感器的探索研究，并通过光纤光栅应变量测结果与传统应变量测结果相互验证，还需要开展新型应变传感器的探索性研究。

1.3.3 模型试验成果分析方法概况

地质力学模型试验主要监测拱坝与坝肩坝基变形及失稳过程，通过试验结果反映拱坝与地基系统整体稳定性和安全性，而对于坝肩失稳破坏机理，以及与之相应的破坏演变过程和破坏特征研究甚少，因此需要对复杂地质构造条件下坝肩局部滑动失稳问题进行深入研究，在总体把握整个坝区岩体结构特征的基础上，深入发掘控制拱坝坝肩抗滑稳定性和坝基变形稳定性等主要工程地质问题。

目前地质力学模型试验中，模型试验成果分析主要集中于坝体变位及应变分析、坝肩及抗力体表面变位分析、坝肩及抗力体内部相对变位分布特征分析、试验现场的破坏形态观测记录分析等四个方面对坝与地基整体稳定性和安全性进行分析。如锦屏一级拱坝整体稳定分析[9]，模型采用以超载为主强降为辅的综合试验法进行破坏试验，并采取先强降后超载的试验程序，根据坝体变位和应变、坝肩及抗力体的表面变位、软弱结构的相对变位以及坝肩坝基的破坏过程和破坏形态等成果，分析得到锦屏一级高拱坝强度储备系数 K_1=1.3，超载系数 K_2=3.6~3.8，拱坝与地基整体稳定综合安全系数为：K_C=K_1×K_2=4.7~5.0。

地质力学模型试验研究重点考虑的是坝与地基的整体稳定性，但随着坝基坝肩地质构造的复杂多变，尤其是一些坝肩存在断层等软弱结构面相互切割构成典型滑块，在这种情况下，除了研究坝肩坝基的整体稳定性，还应分析典型滑块的稳定性，从而全面分析论证大坝的稳定安全性。因此，在地质力学试验中，根据试验破坏数据，深入探索坝肩滑移块体在拱推力作用下的潜在滑移情况是非常必要的。

1.4 主要研究内容和成果

本书以复杂地基上的高坝坝肩稳定为研究对象，采用理论分析、数值模拟和试验研究的方法，对相关问题展开系统而深入的研究。首先总结了国内外高坝工程的研究现状和研究方法，重点开展地质力学模型材料和试验方法研究，针对地质力学模型试验中存在的模型材料及模拟技术、模型量测技术、试验成果分析方法等关键技术问题，结合工程中的特点和难点，展开了系统而深入的研究，并将研究成果应用于立洲拱坝三维地质力学模型试验，分析坝与地基整体稳定性和变形失稳过程以及破坏机理，同时应用三维非线性有限元验证了模型试验结果的可靠性和合理性。

通过开展深入系统的研究，获得了以下主要研究成果。

(1)开展了模型岩体材料中不同组成成分对变形模量 E 的影响研究，为适应岩体材料高、中、低变模的要求，建立了各组成成分如水泥、石蜡和机油与变形模量 E 的变化关系曲线，并提出了不同变形模量的岩体材料采用不同尺寸的模型小块体进行模拟的方法。通过改变薄膜材料与软料的组合形式，实现各种结构面的不同摩擦系数的模拟，通过控制软料中可熔性高分子材料的含量，以及调整薄膜材料的组合形式，实现模型结构面抗剪强度 $\tau'_m (f'_m, c'_m)$ 的综合控制。

(2)进行了立洲拱坝三维地质力学模型试验研究。通过试验，得到了大坝及基础的变形及分布特性，获得了立洲拱坝超载法试验坝与地基整体稳定安全度：起裂超载安全系数 K_1=1.4~2.2，非线性变形超载安全系数 K_2=3.4~4.3，极限超载安

全系数 K_3=6.3~6.6。研制了适用于地质力学模型试验的光纤光栅应变传感器，在立洲拱坝三维地质力学模型为试验基础中得到坝体超载过程中的光纤测点的应变分布情况。通过对比分析光纤传感器和传统监测方法对坝体和坝基的监测结果，证明了光纤光栅传感器在三维地质力学模型试验应用中的可行性。

(3)开展了典型滑移块体的失稳机理研究。针对高拱坝坝肩岩体被断层或裂隙相互切割形成不同规模的典型块体，在拱推力作用下可能沿着结构面产生滑移而失稳的情况，得到典型滑移块体失稳分析方法。并对立洲拱坝坝肩潜在典型滑移失稳问题进行了初步分析，得到了四个典型块体及其潜在滑移模式，并在地质力学模型试验中对四个典型块体的滑裂面进行监测。论证了坝肩典型块体的稳定安全性。

第2章 地质力学模型试验理论与方法

模型试验是以相似理论为基础，将发生在原型上的物理现象按相似关系经缩小(或放大)后在模型上进行模拟，并将模型中测到的物理量按照相似关系换算为原型物理量，通过模型试验研究原型的工作性态和稳定安全度，并通过分析研究模型变形分布特性、破坏形态和破坏机理，研究原型发生破坏、失稳的条件从而达到用模型试验来研究原型的目的。

2.1 模型试验相似理论

2.1.1 相似理论

相似理论是研究和鉴别自然界相似现象的一门科学，揭示了相似的物理现象之间存在的固有关系。在模型试验研究中，提供了确定相似关系的方法，通过同名物理量之间的固定比数，将模型与原型联系起来，是指导模型设计、加载量测、数据整理并将试验结果转换为原型数值的基本理论[96-109]。

1. 相似第一定理——相似现象的性质

相似第一定理可表述为："彼此相似的现象，以相同文字的方程所描述的相似指标为1，或相似判据为一不变量。"

相似指标是在彼此相似的体系中，各物理量的相似常数组合起来的无量纲量，彼此相似的体系都应满足相似指标等于1的条件。相似常数是相似体系中同名物理量的比值。相似判据是在相似体系中，由同一体系中各物理量组合起来的无量纲量，所有相似体系的相似判据应相等。

相似第一定理是由法国科学院院士别尔特朗(J. Bertrand)于1848年确定的，早在1686年，牛顿(Newton Isaac)就发现了第一相似定理确定的相似现象的性质。现以牛顿第二定律为例，说明相似指标和相似判据的相互关系。

物理现象总是服从某一规律，这一规律可用相关物理量的数学方程式来进行表示。当现象相似时，各物理量的相似常数之间应该满足相似指标等于1的关系。应用相似常数的转换，由方程式转换所得相似判据的数值必然相同，即无量纲的相似判据在所有相似系统中都是相同的。

$$\begin{cases} \text{牛顿第二定律：} & F = M\dfrac{\mathrm{d}v}{\mathrm{d}t} \\[2mm] \text{相似指标：} & \dfrac{C_F C_t}{C_M C_v} = 1 \\[2mm] \text{相似系数：} & \pi = \dfrac{Ft}{Mv} = \mathrm{idem} \\[2mm] \text{相似判据：} & \dfrac{F}{ma} = \mathrm{idem} \end{cases} \tag{2.1.1}$$

2. 相似第二定理（π 定理）——相似判据的确定

相似第二定理可表述为："表示物理过程的方程都可以转换成由相似判据组成的综合方程，相似的现象，不仅相似判据应相等，而且综合方程也必须相同。"

假定一个物理系统有 n 个物理量，其函数关系式可表示为

$$f(x_1, x_2, \cdots, x_n) = 0 \tag{2.1.2}$$

式中，x_1, x_2, $\cdots$, x_n 为 n 个不同量纲的物理量，其中有 k 个作为基本量，它们的物理量的量纲是相互独立的，其余 $(n-k)$ 个物理量可由基本量导出，那么这 n 个物理量就可表示成无量纲综合数（或相似判据）$\pi_1, \pi_2, \cdots, \pi_{n-k}$ 的函数关系式，即

$$\begin{cases} F(\pi_1, \pi_2, \cdots, \pi_{n-k}) = 0 \\[2mm] \pi_i = \dfrac{x_{k+i}}{x_1^{\alpha i}\, x_2^{\beta i} \cdots x_n^{\eta i}} \end{cases} \tag{2.1.3}$$

这样，根据相似第二定理就可把物理方程转化为综合方程，使问题简化，得到的原型和模型的综合方程分别为

$$\begin{cases} \text{原型：} & F_{\mathrm{p}}(\pi_1, \pi_2, \cdots, \pi_{n-k}) = 0 \\[2mm] \text{模型：} & F_{\mathrm{m}}(\pi_1', \pi_2', \cdots, \pi_{n-k}') = 0 \end{cases} \tag{2.1.4}$$

式中，$\pi_1' = \pi_1, \pi_2' = \pi_2, \cdots, \pi_{n-k}' = \pi_{n-k}$。

3. 相似第三定理——相似现象的必要和充分条件

相似第一定理阐述了相似现象的性质及各物理量之间存在的关系，相似第二定理证明了描述物理过程的方程经过转换后可由无量纲综合数群的关系式表示，相似现象的方程形式应相同，其无量纲数也应相同。第一、第二定理是把现象相似作为已知条件的基础上，说明相似现象的性质，因此称为相似正定理，是物理

现象相似的必要条件。1930 年苏联科学家 M.B.基尔皮契夫和 A.A.古赫曼提出的相似第三定理补充了前面两个定理，是相似理论的逆定理，提出了判别物理现象相似的充分条件："在几何相似系统中，具有相同文字的关系方程式，单值条件相似，且由单值条件组成的相似判据相等，则现象是相似的。"

单值条件是指从一群现象中把某一具体现象从中区分处理的条件，单值条件相似应包括：①几何相似；②物理相似；③时间相似；④边界条件相似；⑤初始条件相似。

2.1.2　相似条件

不同的物理体系有着不同的变化过程，物理过程可用一定的物理量进行描述。物理体系的相似是指在两个几何相似的物理体系中，进行着同一物理性质的变化过程，并且各体系中对应点上的同名物理量之间存在固定的相似常数[110-119]。

两个相似的物理体系之间一般存在着以下几方面的相似条件。

1. 几何相似

几何相似是指原型和模型的外部尺寸相似，包括其对应的边是同一比例，对应的角度相等。将同一几何体系按不同的比例放大或缩小就能得到多个几何相似的体系，即有

$$\begin{cases} C_l = \dfrac{L_{\mathrm{p}}}{L_{\mathrm{m}}} \\ \theta_{\mathrm{p}} = \theta_{\mathrm{m}} \end{cases} \tag{2.1.5}$$

式中，L 为长度；θ 为两条边的夹角；C_l 为几何比尺；下标 p 代表原型量纲，m 代表模型量纲。

2. 物理相似

如果两个体系在发生着相同性质的物理变化过程时，这两个体系中的对应位置的同名物理量有着固定的一个相似常数，则是物理相似。常见的相似常数有

$$\begin{cases} \text{应力相似常数} \quad C_\sigma = \dfrac{\sigma_p}{\sigma_m}; \quad \text{应变相似常数} \quad C_\varepsilon = \dfrac{\varepsilon_p}{\varepsilon_m} \\[3mm] \text{位移相似常数} \quad C_\delta = \dfrac{\delta_p}{\delta_m}; \quad \text{弹模相似常数} \quad C_E = \dfrac{E_p}{E_m} \\[3mm] \text{泊桑比相似常数} \quad C_\mu = \dfrac{\mu_p}{\mu_m}; \quad \text{体力相似常数} \quad C_X = \dfrac{X_p}{X_m} \\[3mm] \text{密度相似常数} \quad C_\rho = \dfrac{\rho_p}{\rho_m}; \quad \text{容重相似常数} \quad C_\gamma = \dfrac{\gamma_p}{\gamma_m} \end{cases} \quad (2.1.6)$$

3. 作用力相似

$$\begin{cases} \text{重力} \quad F_\gamma = \gamma L^3; \quad\quad\quad \text{重力相似常数} \quad C_{F\gamma} = C_\gamma C_l^3 \\[3mm] \text{惯性力} \quad F_a = Ma = \dfrac{\rho L^4}{t^2}; \quad \text{惯性力相似常数} \quad C_{Fa} = C_\rho C_l^4 C_t^{-2} \\[3mm] \text{弹性力} \quad F_e = E\varepsilon A; \quad\quad\quad \text{弹性力相似常数} \quad C_{Fe} = C_E C_\varepsilon C_l^2 \end{cases} \quad (2.1.7)$$

在结构的力学体系中，要求各种力之间的相似常数相等，则有

$$\begin{cases} C_F = C_{F\gamma} = C_{Fa} = C_{Fe} \\[2mm] C_F = C_\gamma C_l^3 = C_\rho C_l^4 C_t^{-2} = C_E C_\varepsilon C_l^2 \end{cases} \quad (2.1.8)$$

4. 边界条件相似

边界条件相似是指在与外界接触的区域内的模型与原型的各种条件，如外部支撑条件、外部约束条件、边界荷载和周围介质等，也是相似的。

5. 初始条件相似

初始条件的相似对于动态过程而言也和变化规律的相似具有同等重要的地位，包括各个变量的初始值相似。

如果模型与原型之间完全的满足了上述各种相似条件，则可以认为该模型是完全相似。实际上，获得完全相似模型是很困难的，一般只能根据研究重点满足主要的相似条件实现基本相似。

2.2　地质力学模型试验相似关系

地质力学模型试验要求模型在弹性阶段的应力应变关系与原形相似的同时，在塑性阶段的应力应变关系也应与原型相似。因此，地质力学模型试验的相似关系需分两个阶段分别研究，本节从弹性力学和弹塑性力学的基本方程出发，推导出地质力学模型弹塑性阶段各相似指标和相似条件。

2.2.1　弹性阶段的相似关系

根据弹性力学理论[117-119]，结构受力后处于弹性阶段时，其体内任一点的应力、变形状态应满足弹性力学的几个基本方程和边界条件。

1. 平衡方程

原型的平衡方程：
$$\begin{cases} \left(\dfrac{\partial \sigma_x}{\partial x}\right)_{\mathrm{p}} + \left(\dfrac{\partial \sigma_{yx}}{\partial y}\right)_{\mathrm{p}} + \left(\dfrac{\partial \sigma_{zx}}{\partial z}\right)_{\mathrm{p}} + X_{\mathrm{p}} = 0 \\[2mm] \left(\dfrac{\partial \sigma_y}{\partial y}\right)_{\mathrm{p}} + \left(\dfrac{\partial \sigma_{zy}}{\partial z}\right)_{\mathrm{p}} + \left(\dfrac{\partial \sigma_{xy}}{\partial x}\right)_{\mathrm{p}} + Y_{\mathrm{p}} = 0 \\[2mm] \left(\dfrac{\partial \sigma_z}{\partial z}\right)_{\mathrm{p}} + \left(\dfrac{\partial \sigma_{xz}}{\partial x}\right)_{\mathrm{p}} + \left(\dfrac{\partial \sigma_{yz}}{\partial y}\right)_{\mathrm{p}} + Z_{\mathrm{p}} = 0 \end{cases} \qquad (2.2.1)$$

模型的平衡方程：
$$\begin{cases} \left(\dfrac{\partial \sigma_x}{\partial x}\right)_{\mathrm{m}} + \left(\dfrac{\partial \sigma_{yx}}{\partial y}\right)_{\mathrm{m}} + \left(\dfrac{\partial \sigma_{zx}}{\partial z}\right)_{\mathrm{m}} + X_{\mathrm{m}} = 0 \\[2mm] \left(\dfrac{\partial \sigma_y}{\partial y}\right)_{\mathrm{m}} + \left(\dfrac{\partial \sigma_{zy}}{\partial z}\right)_{\mathrm{m}} + \left(\dfrac{\partial \sigma_{xy}}{\partial x}\right)_{\mathrm{m}} + Y_{\mathrm{m}} = 0 \\[2mm] \left(\dfrac{\partial \sigma_z}{\partial z}\right)_{\mathrm{m}} + \left(\dfrac{\partial \sigma_{xz}}{\partial x}\right)_{\mathrm{m}} + \left(\dfrac{\partial \sigma_{yz}}{\partial y}\right)_{\mathrm{m}} + Z_{\mathrm{m}} = 0 \end{cases} \qquad (2.2.2)$$

将相似常数 C_σ、C_l、C_X 代入式(2.2.1)得

$$\begin{cases} \left(\dfrac{\partial \sigma_x}{\partial x}\right)_{\rm m} + \left(\dfrac{\partial \sigma_{yx}}{\partial y}\right)_{\rm m} + \left(\dfrac{\partial \sigma_{zx}}{\partial z}\right)_{\rm m} + \dfrac{C_X C_l}{C_\sigma} X_{\rm m} = 0 \\[3mm] \left(\dfrac{\partial \sigma_y}{\partial y}\right)_{\rm m} + \left(\dfrac{\partial \sigma_{zy}}{\partial z}\right)_{\rm m} + \left(\dfrac{\partial \sigma_{xy}}{\partial x}\right)_{\rm m} + \dfrac{C_X C_l}{C_\sigma} Y_{\rm m} = 0 \\[3mm] \left(\dfrac{\partial \sigma_z}{\partial z}\right)_{\rm m} + \left(\dfrac{\partial \sigma_{xz}}{\partial x}\right)_{\rm m} + \left(\dfrac{\partial \sigma_{yz}}{\partial y}\right)_{\rm m} + \dfrac{C_X C_l}{C_\sigma} Z_{\rm m} = 0 \end{cases} \tag{2.2.3}$$

比较式(2.2.2)与式(2.2.3)，可得相似指标：

$$\frac{C_X C_l}{C_\sigma} = 1 \tag{2.2.4}$$

2. 几何方程

原型几何方程：
$$\begin{cases} (\varepsilon_x)_{\rm p} = \left(\dfrac{\partial u}{\partial x}\right)_{\rm p}; \quad (\gamma_{xy})_{\rm p} = \left(\dfrac{\partial u}{\partial y}\right)_{\rm p} + \left(\dfrac{\partial v}{\partial x}\right)_{\rm p} \\[3mm] (\varepsilon_y)_{\rm p} = \left(\dfrac{\partial v}{\partial y}\right)_{\rm p}; \quad (\gamma_{yz})_{\rm p} = \left(\dfrac{\partial v}{\partial z}\right)_{\rm p} + \left(\dfrac{\partial w}{\partial y}\right)_{\rm p} \\[3mm] (\varepsilon_z)_{\rm p} = \left(\dfrac{\partial w}{\partial z}\right)_{\rm p}; \quad (\gamma_{zx})_{\rm p} = \left(\dfrac{\partial u}{\partial z}\right)_{\rm p} + \left(\dfrac{\partial w}{\partial x}\right)_{\rm p} \end{cases} \tag{2.2.5}$$

模型几何方程：
$$\begin{cases} (\varepsilon_x)_{\rm m} = \left(\dfrac{\partial u}{\partial x}\right)_{\rm m}; \quad (\gamma_{xy})_{\rm m} = \left(\dfrac{\partial u}{\partial y}\right)_{\rm m} + \left(\dfrac{\partial v}{\partial x}\right)_{\rm m} \\[3mm] (\varepsilon_y)_{\rm m} = \left(\dfrac{\partial v}{\partial y}\right)_{\rm m}; \quad (\gamma_{yz})_{\rm m} = \left(\dfrac{\partial v}{\partial z}\right)_{\rm m} + \left(\dfrac{\partial w}{\partial y}\right)_{\rm m} \\[3mm] (\varepsilon_z)_{\rm m} = \left(\dfrac{\partial w}{\partial z}\right)_{\rm m}; \quad (\gamma_{zx})_{\rm m} = \left(\dfrac{\partial u}{\partial z}\right)_{\rm m} + \left(\dfrac{\partial w}{\partial x}\right)_{\rm m} \end{cases} \tag{2.2.6}$$

将相似常数 C_ε、C_δ、C_l 代入式(2.2.5)得

$$\begin{cases} \left(\dfrac{C_\varepsilon C_l}{C_\delta}\right)(\varepsilon_x)_\mathrm{m} = \left(\dfrac{\partial u}{\partial x}\right)_\mathrm{m}\ ; & \left(\dfrac{C_\varepsilon C_l}{C_\delta}\right)(\gamma_{xy})_\mathrm{m} = \left(\dfrac{\partial u}{\partial y}\right)_\mathrm{m} + \left(\dfrac{\partial v}{\partial x}\right)_\mathrm{m} \\[3mm] \left(\dfrac{C_\varepsilon C_l}{C_\delta}\right)(\varepsilon_y)_\mathrm{m} = \left(\dfrac{\partial v}{\partial y}\right)_\mathrm{m}\ ; & \left(\dfrac{C_\varepsilon C_l}{C_\delta}\right)(\gamma_{yz})_\mathrm{m} = \left(\dfrac{\partial v}{\partial z}\right)_\mathrm{m} + \left(\dfrac{\partial w}{\partial y}\right)_\mathrm{m} \\[3mm] \left(\dfrac{C_\varepsilon C_l}{C_\delta}\right)(\varepsilon_z)_\mathrm{m} = \left(\dfrac{\partial w}{\partial z}\right)_\mathrm{m}\ ; & \left(\dfrac{C_\varepsilon C_l}{C_\delta}\right)(\gamma_{zx})_\mathrm{m} = \left(\dfrac{\partial u}{\partial z}\right)_\mathrm{m} + \left(\dfrac{\partial w}{\partial x}\right)_\mathrm{m} \end{cases} \tag{2.2.7}$$

比较式 (2.2.6) 与式 (2.2.7)，可得相似指标：

$$\frac{C_\varepsilon C_l}{C_\delta} = 1 \tag{2.2.8}$$

3. 物理方程

原型物理方程：

$$\begin{cases} (\varepsilon_x)_\mathrm{p} = \left[\dfrac{\sigma_x - \mu(\sigma_y + \sigma_z)}{E}\right]_\mathrm{p}\ ; & (\gamma_{xy})_\mathrm{p} = \left[\dfrac{2(1+\mu)}{E}\tau_{xy}\right]_\mathrm{p} \\[3mm] (\varepsilon_y)_\mathrm{p} = \left[\dfrac{\sigma_y - \mu(\sigma_x + \sigma_z)}{E}\right]_\mathrm{p}\ ; & (\gamma_{yz})_\mathrm{p} = \left[\dfrac{2(1+\mu)}{E}\tau_{yz}\right]_\mathrm{p} \\[3mm] (\varepsilon_z)_\mathrm{p} = \left[\dfrac{\sigma_z - \mu(\sigma_x + \sigma_y)}{E}\right]_\mathrm{p}\ ; & (\gamma_{zx})_\mathrm{p} = \left[\dfrac{2(1+\mu)}{E}\tau_{zx}\right]_\mathrm{p} \end{cases} \tag{2.2.9}$$

模型物理方程：

$$\begin{cases} (\varepsilon_x)_\mathrm{m} = \left[\dfrac{\sigma_x - \mu_m(\sigma_y + \sigma_z)}{E}\right]_\mathrm{m}\ ; & (\gamma_{xy})_\mathrm{m} = \left[\dfrac{2(1+\mu_m)}{E}\tau_{xy}\right]_\mathrm{m} \\[3mm] (\varepsilon_y)_\mathrm{m} = \left[\dfrac{\sigma_y - \mu_m(\sigma_x + \sigma_z)}{E}\right]_\mathrm{m}\ ; & (\gamma_{yz})_\mathrm{m} = \left[\dfrac{2(1+\mu_m)}{E}\tau_{yz}\right]_\mathrm{m} \\[3mm] (\varepsilon_z)_\mathrm{m} = \left[\dfrac{\sigma_z - \mu_m(\sigma_x + \sigma_y)}{E}\right]_\mathrm{m}\ ; & (\gamma_{zx})_\mathrm{m} = \left[\dfrac{2(1+\mu_m)}{E}\tau_{zx}\right]_\mathrm{m} \end{cases} \tag{2.2.10}$$

将相似常数 C_ε、C_σ、C_E、C_μ 代入式 (2.2.9) 得

$$
\begin{cases}
(\varepsilon_x)_\mathrm{m} = \dfrac{C_\sigma}{C_\varepsilon C_E}\left[\dfrac{\sigma_x - C_\mu \mu(\sigma_y + \sigma_z)}{E}\right]_\mathrm{m} \\[4mm]
(\varepsilon_y)_\mathrm{m} = \dfrac{C_\sigma}{C_\varepsilon C_E}\left[\dfrac{\sigma_y - C_\mu \mu(\sigma_x + \sigma_z)}{E}\right]_\mathrm{m} \\[4mm]
(\varepsilon_z)_\mathrm{m} = \dfrac{C_\sigma}{C_\varepsilon C_E}\left[\dfrac{\sigma_z - C_\mu \mu(\sigma_x + \sigma_y)}{E}\right]_\mathrm{m} \\[4mm]
(\gamma_{xy})_\mathrm{m} = \dfrac{C_\sigma}{C_\varepsilon C_E}\left[\dfrac{2(1 + C_\mu \mu)}{E}\tau_{xy}\right]_\mathrm{m} \\[4mm]
(\gamma_{yz})_\mathrm{m} = \dfrac{C_\sigma}{C_\varepsilon C_E}\left[\dfrac{2(1 + C_\mu \mu)}{E}\tau_{yz}\right]_\mathrm{m} \\[4mm]
(\gamma_{zx})_\mathrm{m} = \dfrac{C_\sigma}{C_\varepsilon C_E}\left[\dfrac{2(1 + C_\mu \mu)}{E}\tau_{zx}\right]_\mathrm{m}
\end{cases}
\tag{2.2.11}
$$

比较式(2.2.10)与式(2.2.11)，可得相似指标：

$$
\frac{C_\sigma}{C_\varepsilon C_E} = 1; \quad C_\mu = 1
\tag{2.2.12}
$$

4. 边界条件

原型边界条件：
$$
\begin{cases}
(\bar{\sigma}_x)_\mathrm{p} = (\sigma_x)_\mathrm{p}l + (\sigma_{xy})_\mathrm{p}m + (\sigma_{zx})_\mathrm{p}n \\
(\bar{\sigma}_y)_\mathrm{p} = (\sigma_{xy})_\mathrm{p}l + (\sigma_y)_\mathrm{p}m + (\sigma_{zy})_\mathrm{p}n \\
(\bar{\sigma}_z)_\mathrm{p} = (\sigma_{zx})_\mathrm{p}l + (\sigma_{zy})_\mathrm{p}m + (\sigma_z)_\mathrm{p}n
\end{cases}
\tag{2.2.13}
$$

模型边界条件：
$$
\begin{cases}
(\bar{\sigma}_x)_\mathrm{m} = (\sigma_x)_\mathrm{m}l + (\sigma_{xy})_\mathrm{m}m + (\sigma_{zx})_\mathrm{m}n \\
(\bar{\sigma}_y)_\mathrm{m} = (\sigma_{xy})_\mathrm{m}l + (\sigma_y)_\mathrm{m}m + (\sigma_{zy})_\mathrm{m}n \\
(\bar{\sigma}_z)_\mathrm{m} = (\sigma_{zx})_\mathrm{m}l + (\sigma_{zy})_\mathrm{m}m + (\sigma_z)_\mathrm{m}n
\end{cases}
\tag{2.2.14}
$$

将相似常数 $C_{\bar{\sigma}}$、C_σ 代入式(2.2.13)得

$$
\begin{cases}
\left(\dfrac{C_{\bar{\sigma}}}{C_{\sigma}}\right)(\bar{\sigma}_x)_m = (\sigma_x)_m l + (\sigma_{xy})_m m + (\sigma_{zx})_m n \\[2mm]
\left(\dfrac{C_{\bar{\sigma}}}{C_{\sigma}}\right)(\bar{\sigma}_y)_m = (\sigma_{xy})_m l + (\sigma_y)_m m + (\sigma_{zy})_m n \\[2mm]
\left(\dfrac{C_{\bar{\sigma}}}{C_{\sigma}}\right)(\bar{\sigma}_z)_m = (\sigma_{zx})_m l + (\sigma_{zy})_m m + (\sigma_z)_m n
\end{cases}
\tag{2.2.15}
$$

比较式 (2.2.14) 与式 (2.2.15)，可得相似指标：

$$
\frac{C_{\bar{\sigma}}}{C_{\sigma}} = 1
\tag{2.2.16}
$$

5. 拱坝模型的相似关系

拱坝承受的主要荷载是水压力、扬压力和坝体自重，水压力和扬压力是以面力形式作用，自重是以体力形式作用，则有

$$
\begin{cases}
\bar{\sigma}_p = \gamma_p h_p ; \quad \bar{\sigma}_m = \gamma_m h_m \\
C_{\bar{\sigma}} = C_\gamma C_l \\
X_p = \rho_p g; \quad X_m = \rho_m g \\
C_X = C_\rho
\end{cases}
\tag{2.2.17}
$$

根据式 (2.2.4)、式 (2.2.8)、式 (2.2.12)、式 (2.2.16)，可得拱坝模型试验的相似关系：

$$
\begin{cases}
C_\mu = 1 \\
C_\gamma = C_\rho \\
C_\sigma = C_\gamma C_l \\
C_\varepsilon = C_\gamma C_l / C_E \\
C_\delta = C_\gamma C_l^2 / C_E
\end{cases}
\tag{2.2.18}
$$

2.2.2　塑性阶段的相似关系

模型受力超出弹性阶段[120-127]后，在塑性阶段的应力、应变依然要遵循平衡方程、几何方程和边界条件，因此，由平衡方程、几何方程和边界条件推导的相似关系式 (2.2.4)、式 (2.2.8)、式 (2.2.16) 在塑性阶段依然适用。但由于在塑性阶段

应力、应变之间的关系不再服从弹性阶段的胡克定律，因而需按塑性阶段的物理方程推导相应的相似关系。此外，破坏模型还要求模型的强度特性也应与原型相似。

1. 物理方程

原型的物理方程：

$$
\begin{cases}
(\varepsilon_x - \varepsilon_0)_\mathrm{p} = \left\{ \dfrac{1+\mu}{E[1-\phi(\overline{\varepsilon})]}(\sigma_x - \sigma_0) \right\}_\mathrm{p} \;; \quad (\gamma_{xy})_\mathrm{p} = \left\{ \dfrac{2(1+\mu)}{E[1-\phi(\overline{\varepsilon})]}\tau_{xy} \right\}_\mathrm{p} \\[3mm]
(\varepsilon_y - \varepsilon_0)_\mathrm{p} = \left\{ \dfrac{1+\mu}{E[1-\phi(\overline{\varepsilon})]}(\sigma_y - \sigma_0) \right\}_\mathrm{p} \;; \quad (\gamma_{yz})_\mathrm{p} = \left\{ \dfrac{2(1+\mu)}{E[1-\phi(\overline{\varepsilon})]}\tau_{yz} \right\}_\mathrm{p} \\[3mm]
(\varepsilon_z - \varepsilon_0)_\mathrm{p} = \left\{ \dfrac{1+\mu}{E[1-\phi(\overline{\varepsilon})]}(\sigma_z - \sigma_0) \right\}_\mathrm{p} \;; \quad (\gamma_{zx})_\mathrm{p} = \left\{ \dfrac{2(1+\mu)}{E[1-\phi(\overline{\varepsilon})]}\tau_{zx} \right\}_\mathrm{p}
\end{cases}
\tag{2.2.19}
$$

模型的物理方程：

$$
\begin{cases}
(\varepsilon_x - \varepsilon_0)_\mathrm{m} = \left\{ \dfrac{1+\mu}{E[1-\phi(\overline{\varepsilon})]}(\sigma_x - \sigma_0) \right\}_\mathrm{m} \;; \quad (\gamma_{xy})_\mathrm{m} = \left\{ \dfrac{2(1+\mu)}{E[1-\phi(\overline{\varepsilon})]}\tau_{xy} \right\}_\mathrm{m} \\[3mm]
(\varepsilon_y - \varepsilon_0)_\mathrm{m} = \left\{ \dfrac{1+\mu}{E[1-\phi(\overline{\varepsilon})]}(\sigma_y - \sigma_0) \right\}_\mathrm{m} \;; \quad (\gamma_{yz})_\mathrm{m} = \left\{ \dfrac{2(1+\mu)}{E[1-\phi(\overline{\varepsilon})]}\tau_{yz} \right\}_\mathrm{m} \\[3mm]
(\varepsilon_z - \varepsilon_0)_\mathrm{m} = \left\{ \dfrac{1+\mu}{E[1-\phi(\overline{\varepsilon})]}(\sigma_z - \sigma_0) \right\}_\mathrm{m} \;; \quad (\gamma_{zx})_\mathrm{m} = \left\{ \dfrac{2(1+\mu)}{E[1-\phi(\overline{\varepsilon})]}\tau_{zx} \right\}_\mathrm{m}
\end{cases}
\tag{2.2.20}
$$

将相似常数 C_ε、C_σ、C_E、C_μ 代入式(2.2.19)得

$$
\begin{cases}
(\varepsilon_x - \varepsilon_0)_\mathrm{m} = \dfrac{C_\sigma}{C_\varepsilon C_E}\left\{ \dfrac{1+C_\mu\mu}{E[1-\phi(C_\varepsilon\overline{\varepsilon})]}(\sigma_x - \sigma_0) \right\}_\mathrm{m} \\[3mm]
(\varepsilon_y - \varepsilon_0)_\mathrm{m} = \dfrac{C_\sigma}{C_\varepsilon C_E}\left\{ \dfrac{1+C_\mu\mu}{E[1-\phi(C_\varepsilon\overline{\varepsilon})]}(\sigma_y - \sigma_0) \right\}_\mathrm{m} \\[3mm]
(\varepsilon_z - \varepsilon_0)_\mathrm{m} = \dfrac{C_\sigma}{C_\varepsilon C_E}\left\{ \dfrac{1+C_\mu\mu}{E[1-\phi(C_\varepsilon\overline{\varepsilon})]}(\sigma_z - \sigma_0) \right\}_\mathrm{m}
\end{cases}
$$

$$\begin{cases} (\gamma_{xy})_{\mathrm{m}} = \dfrac{C_\sigma}{C_\varepsilon C_E} \left\{ \dfrac{2(1+C_\mu\mu)}{E[1-\phi(C_\varepsilon\overline{\varepsilon})]} \tau_{xy} \right\}_{\mathrm{m}} \\[4mm] (\gamma_{yz})_{\mathrm{m}} = \left\{ \dfrac{2(1+C_\mu\mu)}{E[1-\phi(C_\varepsilon\overline{\varepsilon})]} \tau_{yz} \right\}_{\mathrm{m}} \\[4mm] (\gamma_{zx})_{\mathrm{m}} = \left\{ \dfrac{2(1+C_\mu\mu)}{E[1-\phi(C_\varepsilon\overline{\varepsilon})]} \tau_{zx} \right\}_{\mathrm{m}} \end{cases} \qquad (2.2.21)$$

比较式 (2.2.19) 与式 (2.2.21) 可得相似指标：

$$\begin{cases} C_\varepsilon = 1 \\ C_\mu = 1 \\ C_\sigma = C_E \end{cases} \qquad (2.2.22)$$

式中，$C_\varepsilon = 1$ 具有的物理意义是使模型的变形与原型的变形保持几何相似，即模型的破坏形态与原型的破坏形态满足几何相似。

2. 强度特性

模型自加载开始直至破坏的整个过程中，模型材料的强度特性，即应力-应变曲线和强度包络线与原型材料相似，见图 2.2.1、图 2.2.2。

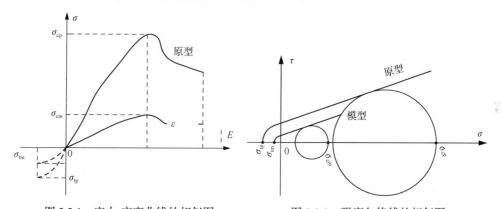

图 2.2.1　应力-应变曲线的相似图　　　　图 2.2.2　强度包络线的相似图

根据应力、应变的相似关系，模型材料的应力-应变曲线是原型材料应力-应变曲线在纵坐标方向缩小 C_σ 倍、在横坐标方向保持不变 ($C_\varepsilon = 1$) 得到的；原型材料强度包络线在纵、横坐标方向缩小 C_σ 倍后，得到模型材料的强度包络线，表明模型材料的抗拉、抗压、抗剪强度都与原型材料的强度相似，即

$$C_{\sigma c} = C_{\sigma t} = C_\tau = C_\sigma \qquad (2.2.23)$$

根据库伦(Coulomb)强度理论，抗剪断强度 $\tau = c' + f' \sigma$，则凝聚力 c 和内摩擦系数 f 存在以下的相似关系：

$$C_c = C_\sigma , \quad C_f = 1 \tag{2.2.24}$$

通过式(2.2.23)和式(2.2.24)，可使岩体和地基中各构造面或软弱夹层的抗拉、抗压、抗剪断强度满足相似，从而达到用破坏模型试验研究原型破坏机理的目的。

综上所述，地质力学模型试验应满足在弹性阶段和塑性阶段的各相似关系，基本相似关系式为

$$C_E = C_\gamma \cdot C_L \tag{2.2.25}$$

$$C_\mu = 1, \ C_\varepsilon = 1, \ C_f = 1, \cdots \tag{2.2.26}$$

$$C_\sigma = C_E = C_C = C_\tau = \cdots \tag{2.2.27}$$

$$C_F = C_\gamma \cdot C_L^3 = C_E \cdot C_L^2 \tag{2.2.28}$$

当 $C_\gamma = 1$ 时，有

$$C_E = C_L \tag{2.2.29}$$

$$C_F = C_L^3 \tag{2.2.30}$$

式中，C_E 为变模比，C_γ 为容重比，C_L 为几何比，C_σ 为应力比，C_c 为黏结力比，C_F 为集中力比，C_μ 为泊桑比，C_ε 为应变比，C_f 为摩擦系数比。

但这些相似关系是相互关联的，模型要完全满足所有的相似关系是十分困难的。在模型试验中只能根据研究内容的重点和特点，满足主要的相似关系，使模型与原型达到基本相似。

2.3　破坏试验方法

地质力学模型试验的主要目的是研究地基与结构物的联合作用以及地基的极限承载能力。模型通过模拟地基岩体中断层、节理裂隙等软弱结构复杂的结构特征，以及岩体的非均匀性、非弹性、非连续性和各向异性等复杂岩石力学特征，研究坝与地基整体在外荷载特别是渐增荷载作用下，超出弹性范围以外的变形和破坏特性及其破坏失稳的整个变化过程，依据试验结果可发现地基中的薄弱部位，揭示地基的破坏机理，确定整体稳定安全度，评价工程安全。

目前，地质力学模型破坏试验的研究方法[128]主要有三种：①超载法；②强度储备法；③综合法——超载与强度储备相结合的方法。

2.3.1　超载法

超载法是考虑工程上可能遇到的洪水对坝基承载能力的影响，在假定除了水荷载的所有因素在整个破坏过程中不变的前提下，通过逐步增大上游水荷载(沙荷载不超载)，直模型失稳而破坏，从而获得的超载倍数即为试验的安全系数——超载安全系数 K_p。超载法长期以来已成功运用于多个工程的稳定性研究中，处理较为简单，通过超载法试验评价坝基的承载能力，是当前国内外比较常用的方法。

超载法的超载方式有两种：三角形超载法(增大上游水容重)和梯形超载法(加高上游水位)，如图 2.3.1 所示。但在实际工程中，对于绝大多数工程而言，水压超标幅度不大于 20%。河海大学陈国栄等[129]论证认为三角形超载较梯形超载更便于在试验中加载。目前，在超载试验中一般按三角形荷载进行超载。

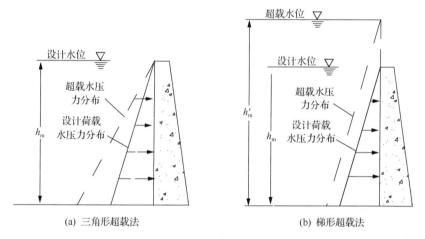

图 2.3.1　水压力超载方式示意图

2.3.2　强度储备法

强度储备法[130,131]认为实际作用于坝面上的水荷载超过设计荷载的几率比较小，然而在工程的长期运行中，坝体基础及其软弱结构面等由于长期受到库水浸泡或冲蚀，出现"泥化、湿化、溶蚀、软化"等现象，其力学强度会逐步降低。另外，岩体强度指标取值，大多是在地勘阶段便着手提出的，并留有一定的安全储备，所以通过模型试验获取各种岩体参数取值的安全储备组合情况下的工程结构的安全性，也是必要的。因此，有必要通过模型强度储备试验分析来进行相互对比和验证[132]，为工程的设计和施工提供依据。

因此在保持荷载和其他因素不变的情况下，逐渐降低岩体和软弱结构的力学参数直至坝或地基破坏失稳，由此得到的强度降低的倍数即为强度储备安全度 K_s。其数学表达式为：$K_s = \tau_p / \tau_m = \tau'_p / \tau'_m$。该方法只考虑了材料强度变化这一因素，忽略了其他影响因素的变化，因此是单因素法。该方法获得的强度储备安全度指标反映了含软弱结构的坝肩坝基的安全强度储备能力，反映了软弱结构强度变化对坝和地基的工作性态和安全性的影响。

强度储备法是在超载法基础上发展起来的一种方法，其关键技术是如何在试验过程中体现材料强度降低的力学行为，这是国内外在强度储备试验法研究中的重点和难点问题。常规地质力学模型强度储备试验是采取一个模型一套参数多个模型组合的方式来实现强度储备试验，并获取强度储备系数 K_s，但这种方法工作量大、投资大、周期长，不同模型不能保持同等精度，难以满足试验研究的要求，故一般采用这种方法的较少。

为了能实现在同一模型中采用强度储备法，在未找到能在试验过程中降低材料力学参数的方法和材料的情况下，有学者提出了"等价原则"的强度储备试验方法，即保持模型材料强度不变，同比例增大荷载与坝体自重，直至材料极限强度，由模型破坏荷载与模型设计荷载之比得强度储备系数 K_s，该方式获得的强度储备系数可表示为

$$K_s = R_m / R'_m = \sigma'_m / \sigma_m = P'_m / P_m \tag{2.3.1}$$

式中，R_m 为材料的设计强度；R'_m 为破坏时的实际强度；σ'_m 为材料极限荷载下的应力；σ_m 为材料设计荷载下的应力；P'_m 为模型极限荷载；P_m 为模型设计荷载。

2.3.3 综合法

综合法是一种结合了超载法和强度储备法的方法，一方面模拟了工程上可能遭遇的洪水，另一方面模拟了工程长期运行中坝肩长期受到库水侵蚀而导致材料力学参数有所降低的情况，由此获得两方面因素作用下的安全系数——综合稳定安全系数，显然由这种方法与工程实际更为相近。在综合法试验中，可以是先降强再超载，也可以先超载再降强，超载和降强两个步骤可视工程实际情况决定它们的主辅地位。该方法中得到的强降倍数与超载倍数的乘积称为综合安全度 K_c。

综合法既考虑了超载因素，又考虑了强降影响，比较符合工程实际。特别是对当前拟建的高坝来说，它们普遍具有地质条件复杂的体特征。因此，采用综合法研究坝与地基在超标洪水和软弱结构强度降低等因素综合作用下的稳定，更能全面反映工程实际情况。为了实现强降过程，综合法试验的关键技术也是能研制出一种能降低材料参数的新型模型材料。

2.4　超载法安全度评价

2.4.1　基于相似原理和破坏试验理论的超载法安全系数关系式

在超载法试验中，模型破坏时的超载倍数 K_p，即超载破坏时的荷载 P'_m 与设计荷载 P_m 的比值，其表达式为

$$K_p = \frac{P'_m}{P_m} = \frac{\gamma'_m}{\gamma_m} \tag{2.4.1}$$

式中，γ_m 为模型加压液体的设计容重；γ'_m 为模型破坏时加压液体的容重。

由地质力学模型试验的相似条件 $C_\tau = C_\sigma = C_E = C_\gamma \cdot C_L$ 可得

$$C_\tau = \frac{\tau_p}{\tau_m} = \frac{\gamma_p}{\gamma_m} C_L \tag{2.4.2}$$

则

$$\frac{1}{\gamma_m} = \frac{\tau_p}{\tau_m \cdot \gamma_p \cdot C_L} \tag{2.4.3}$$

将式(2.4.3)代入式(2.4.1)中得到超载安全系数 K_p 的表达式为

$$K_p = \frac{\tau_p \cdot \gamma'_m}{\tau_m \cdot \gamma_p \cdot C_L} \tag{2.4.4}$$

根据抗剪断公式，超载安全系数 K_p 还可表示为

$$1 = \frac{\int (f'\sigma + c')\mathrm{d}s}{K_p \cdot P} = \frac{\int \tau \mathrm{d}s}{K_p \cdot P} \tag{2.4.5}$$

式中，σ 为积分微元面上的法向应力；τ 为积分微元面上的抗剪断强度；f' 为抗剪断摩擦系数；c' 为抗剪断凝聚力；s 为积分微元面积；P 为滑动力。

比较式(2.4.4)和式(2.4.5)可知，超载法试验就是保持模型材料的强度不变，不断增大荷载 P 的倍数或加荷容重 γ_m，直到模型破坏为止，相应于破坏时的超载倍数(破坏荷载与设计荷载之比)就是超载安全度 K_p，其对应的点安全度可用莫尔应力圆来表示，见图 2.4.1。

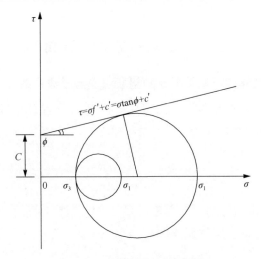

图 2.4.1　点超载安全度示意图

根据稳定安全系数的定义，安全系数 K 是抗滑力与滑动力之比。为了分析超载安全系数(或超载倍数)K_p 与稳定安全系数 K 之间的相互关系，依据相似理论进行分析。

由抗剪断强度公式知，稳定安全系数 K 为

$$K = \frac{\int (f'\sigma + c')\mathrm{d}s}{P} = \frac{\int \tau \mathrm{d}s}{P} \tag{2.4.6}$$

荷载超载 K_p 倍发生破坏时的安全系数 $K'=1$，则

$$K' = \frac{\int (f'\sigma + c')\mathrm{d}s}{K_p P} = \frac{\int \tau \mathrm{d}s}{K_p P} = 1 \tag{2.4.7}$$

由式(2.4.6)与式(2.4.7)可得安全系数的相似比：

$$\begin{cases} C_K = \dfrac{K}{K'} = K_p \\ K = K_p \end{cases} \tag{2.4.8}$$

由此可知，超载倍数 K_p 与稳定安全系数 K 相等，超载法试验得到的超载倍数可以作为模型的安全评价指标。

2.4.2　超载法安全度评价方法

超载法是地质力学模型试验的一种常规方法，在多年的工程实践中得以普遍应用。在拱坝与地基整体稳定地质力学模型试验中，坝与地基的整体稳定超载安全度的评价可依据《SL 282—2003 混凝凝土拱坝设计规范》[133]与《DL/T 5346—2006 混凝凝土拱坝设计规范》[134]的相关规定，采用"水压力超载系数"K_1、K_2、K_3 进行综合评价：K_1 为起裂超载安全系数，由坝踵开始出现裂缝时的水压力超载系数确定；K_2 为非线性变形超载安全系数，由下游坝面开始出现裂缝时的水压力超载系数确定；K_3 为极限承载能力超载安全系数，由坝与坝基丧失承载能力时水压力超载系数确定。

2.4.3　相关工程超载法试验安全度对比分析

超载法是研究拱坝整体稳定的一种常规试验方法，通过超载法破坏试验可以获得拱坝与地基的整体稳定安全系数、破坏过程、破坏形态和破坏机理，揭示对拱坝稳定起控制作用的坝肩薄弱部位。在多年的工程实践中，超载法试验在拱坝地质力学模型试验中得以普遍应用，并积累了一定的研究成果。国内已有多座拱坝工程应用了超载法进行地质力学模型试验研究，获得的拱坝稳定超载安全系数见表 2.4.1。

表 2.4.1　典型拱坝工程地质力学模型试验超载安全系数

序号	工程名称	坝高/m	K_1	K_2	K_3
1	紧水滩双曲拱坝	102	2	4	10
2	李家峡双曲拱坝	165	1.6	3.0	7.0
3	东风双曲拱坝	166	2.0	3.8	8.0
4	大岗山双曲拱坝	210	2	4.5	8.5
5	构皮滩双曲拱坝	231	2.2	5	8.5
6	二滩双曲拱坝	245	2	3.5	8.0
7	拉西瓦双曲拱坝	250	2	4~5	6~7
8	溪洛渡双曲拱坝	278	1.8	5.0	8.0
9	小湾双曲拱坝	292	1.5~2	3	7
10	锦屏双曲拱坝(天然地基)	305	1.5~2	3~4	5~6

注：以上数据摘自《SL 282—2003 混凝土拱坝设计规范》与《DL/T 5346—2006 混凝土拱坝设计规范》，其试验工作由清华大学、长江科学院完成。

根据上述典型工程模型试验安全系数的分布情况，可分析得到超载安全系数的统计规律为：①起裂超载安全系数 K_1= 1.1～2.2；②非线性变形超载安全系数 K_2= 1.5～5.0；③极限超载安全系数 K_3=2.5～10。

2.5　典型高坝地质力学模型试验研究实例

2.5.1　沙牌水电站

沙牌水电站[135-137]位于四川省阿坝藏族羌族自治州汶川县境内的草坡河上，是岷江一级支流草坡河上游的梯级龙头电站。

该枢纽采用综合式开发，主要的建筑物有碾压混凝土拱坝、泄洪洞、压力引水隧洞和地面厂房等。碾压混凝土拱坝最大坝高 132m，是目前世界上已建成的最高的全断面碾压混凝土拱坝，为三心圆单曲拱坝坝型，坝顶中心线弧长 250.3m，最大中心角 92.48°，厚高比 0.238。右岸两条泄洪洞，一条为城门洞断面，长陡坡，兼作放空水库用，另一条系利用导流隧洞改建的涡旋式内消能竖井泄洪洞。发电引水隧洞布置在右岸，马蹄形断面，尺寸为 2.5m×2.8m，洞长 3488m。地面厂房布置在坝下游约 5km 处，安装 2 台单机容量为 1.8 万 kW 的高水头混流式机组。水库正常高水位 1866m，总库容 0.18 亿 m^3，电站总装机 3.6 万 kW，年发电量 1.79 亿 kW·h。沙牌拱坝枢纽平面布置如图 2.5.1 所示。

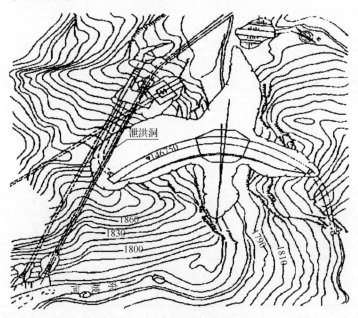

图 2.5.1　沙牌拱坝枢纽平面布置图

自 1995 年立项开工，于 2002 年 5 月坝体混凝土上升到顶，2003 年 5 月通过验收并下闸蓄水。坝体工程量 39.2 万 m^3，其中碾压混凝土 36.5 万 m^3。

坝址区河谷地形在平面上呈葫芦形。坝址河谷两岸较陡，左坝肩下游侧有一高约 40m 的陡崖，右坝肩下游侧由于河流流向由原来的 NE 向拐弯成 SE 向，因此形成一个三面临空的山脊。总的看来，两坝肩都显单薄。从立面上看，坝址河谷深切，呈 V 形状，两岸大致对称，其宽高比约为 1.70，适宜于修拱坝。临江坡顶高程为 1950～2000m，谷坡陡缓交替，左坝肩坡角 40°～60°，右岸为 30°～60°，河床宽 40～80m，两岸基岩裸露。

坝区地质条件，从平面岩性分布看，按岩性不同，左岸分为三区，右岸分为四区。Ⅰ区为晋宁—澄江期花岗闪长岩—花岗细晶岩夹绿帘石—黑云母—石英角岩。Ⅱ区为绿帘石—黑云母—石英岩组成，它和Ⅰ区交接处夹有厚 5～10m 的绿帘石—石英—绿帘石片岩密集带，遇水有软化现象。Ⅲ区和Ⅳ区岩性较差，处于坝址上游，详见图 2.5.2。从四个区的岩性综合分析得出，Ⅰ区岩性最好，两坝肩主要支承在该区上。坝底高程 1735.5m 以下，为花岗闪长岩夹绿帘石、黑云母及石英角岩，无顺河断层发育，除了局部需处理，对坝体稳定无影响。坝基岩体不存在大规模控制边坡整体稳定性的贯穿性软弱结构面，边坡主要受节理裂隙及其组合关系影响。在坝肩及抗力体中，除了 1840m 高程以上拱圈有承受变形能力较差的片岩(S_c)出露及拱座岩体显得单薄，需进行工程处理，整体而言，坝肩抗力体尚属稳定。按地勘资料分析，两坝肩及抗力体的稳定性主要受 4 组不同产状的节理控制，见表 2.5.1。

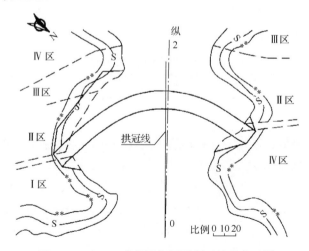

图 2.5.2　1850m 高程平切图及坝区地质分区图

表 2.5.1　两岸岩体节理产状

节理组	左岸	右岸
①	N50°W，SW，∠70°	N50°W，SW，∠70°
②	N55°W，NE，∠45°	N40°W，SE，∠60°
③	N35°E，SE，∠60°	N20°E，SE，∠40°
④	N20°W，SE，∠20°	N65°E，SE，∠0°

　　为了研究沙牌拱坝与地基的整体稳定安全性，获得坝基失稳的破坏过程、破坏形态，揭示坝肩的破坏机理与薄弱部位，在不同设计阶段，四川大学在"八五""九五"攻关期间先后进行了多方案的地质力学模型试验研究，具体试验方案见表 2.5.2。

表 2.5.2　沙牌拱坝坝肩稳定超载法地质力学模型试验研究方案

方案	坝体材料	试验方案
1	石膏模型材料	初设阶段，原设计坝型
2	地质力学模型材料	
3	地质力学模型材料	初设阶段，最终选定坝型
4	地质力学模型材料	技施阶段，最终选定坝型

　　通过上述试验，获得不同方案下拱坝与地基整体稳定的超载安全系数，其超载安全系数为拱坝与地基发生大变形时的超载系数，对应为非线性变形超载安全系数 K_2，具体数值见表 2.5.3。

表 2.5.3　沙牌拱坝坝肩稳定安全系数

试验方案	1	2	3	4
超载安全系数 K_2	4.8	4.8	5.0	4.6

　　由表 2.5.3 可知，不同方案获得的超载安全系数大体相当，超载安全系数为 K_2=4.6～5.0，虽然拱坝整体超载度较高，但由试验揭露出的影响坝肩稳定的薄弱部位还是要处理。四个方案得到的破坏形态均表明：右坝肩 1810m 高程以上的山脊及左坝肩 1820m 高程以上的下游陡崖破坏严重，左岸建基面的主要软弱岩体为片岩类花岗岩角岩，宽 3～7m，出露在 1824.00～1867.50m 高程间的上游坝踵附近。右岸建基面的主要软弱岩体为千枚岩夹片岩，宽 3.3～5m，出露在高程间的上游坝踵附近。对在建基面出露的片岩密集带采用混凝土置换处理。根据模型试验所得出的成果，左岸垂直置换开挖深度为 4.0m，右岸垂直开挖深度为 3.0m，并

铺设一层钢筋网。左岸坝肩中上部存在陡岩区，右岸坝肩中上部山体单薄，导致两岸中上部坝肩稳定安全系数降低，设计中采用预应力锚索加固。

　　沙牌拱坝自 1995 年立项开工，2003 年 5 月通过验收并下闸蓄水发电。2008年 5 月 12 日，龙门山断裂带上发生了震惊世界的"5.12"汶川大地震，而沙牌拱坝就位于龙门山断裂带上盘，距离震中仅 36km。地震发生后，经航拍及现场检查，拱坝结构与大坝基础无明显震损破坏，坝肩抗力体稳定，仅见局部浅表岩体吊块或滑移，近坝库岸及可见库区的两岸边坡地形完整、植被葱郁、未见有规模的滑坡体，拱坝经受住了汶川 8 级地震及多次余震的考验。沙牌拱坝在远超过设防等级的地震中经受住了严峻的考验，拱坝与地基表现出超强的整体稳定性和抗震性能，这些均说明了沙牌拱坝的设计和坝肩加固处理方案的合理性。

2.5.2　瓦依昂拱坝

　　瓦依昂拱坝位于意大利阿尔卑斯山东部瓦依昂河下游河段，横跨于深狭的峡谷之中，坝址附近有兰加伦镇，坝址距汇入皮雅威河的瓦依昂河河口约 2km。

　　瓦依昂拱坝于 1960 年建成，当时被列为世界已建成的第四高坝。该工程包括一座稍不对称的双曲薄拱坝、泄水建筑物及左岸地下厂房，其布置如图 2.5.3 所示。

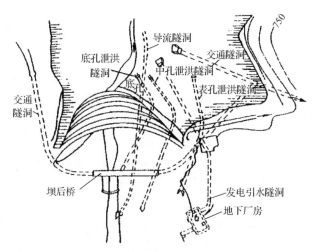

图 2.5.3　瓦依昂拱坝枢纽布置图

　　瓦依昂双曲拱坝，最大坝高为 261.6m，坝顶长度 190.15m，坝顶宽 2.92m，坝底宽 22.11m。

　　泄水建筑物包括：坝顶上有 16 个宽 6.6m 的溢洪孔；坝左岸上部有一个直径为 3.5m 的溢洪隧洞；坝左岸中部也有一个直径为 3.5m 的溢洪隧洞；下部有一个直径为 2.5m 的泄水口。此外，在坝的底部还有一个完全放空库水时用的泄水口。

　　瓦依昂工程的地质勘察工作最早追溯到 1928 年。1956 年 10 月开始开挖坝肩和坝基，于 1958 年 4 月完成。同年 5 月开始浇制混凝土，1960 年 9 月完成。

　　水库在正常高水位 722.5m 高程时总库容达 1.69 亿 m^3。

　　瓦依昂峡谷是在连绵山区切割出来的峡谷。出露的地层有：下侏罗世里阿斯统岩石；中侏罗世道格统岩石，主要是灰岩及部分白云质灰岩，其厚度约 350m；上侏罗世麻姆统岩石以及上下白垩统岩石，主要是结核灰岩，隧石灰岩和局部泥灰岩。白垩统岩层厚度一般为 5~15cm，而麻姆统及其上麻姆统的石灰岩平均层厚 20~100cm。麻姆统和白垩统岩层总厚度约 230~350m。此外，还有第四系更新世冰渍层。

　　坝址区主要构造为向斜褶皱，褶皱轴方向大致为东西方向，且稍向东缓倾，即河床岩层由下游向上游微倾。向斜褶皱两翼岩层由河谷两岸向河床倾斜。据地质量测，河谷中央部分岩层近于水平，向两侧延伸的岩层走向为南北，倾向东倾角为 18°~20°，再向两侧延伸，岩层突然陡倾，向上延伸，其岩层走向变为东西，左岸倾向北，右岸倾向南，其倾角为 40°~50°。

　　瓦依昂坝址向斜构造岩层，在复杂的造山运动过程中，裂隙和断裂均较发育。裂隙统计资料表明，坝址主要有三组裂隙，一是层理和层理裂隙，裂隙面一般粗糙，充填有极薄的泥化物，经分析鉴定主要成分是蒙脱石；二是走向南北(垂直河流流向)的垂直裂隙；三是两岸岸坡卸荷裂隙，它们重叠分布，形成深度为 100~150m 的卸荷软弱带。这三组裂隙将岩体切割成 7m×12m×14m 的斜棱形体。

　　除了上述构造，坝址区石灰岩内岩溶现象普遍，岸坡表面有很多落水洞。河床部位也有断层分布。坝址区地震基本烈度为 7~8 度。

　　瓦依昂坝基岩石力学试验主要包括室内试验、现场试验等。

　　室内试验主要有岩块静弹性模量试验及地力学模型试验。试验资料表明，石灰岩的静弹性模量 $E=(78.7~85.0)\times10^4kg/cm^2$，河谷底的石灰岩弹性模量更高。

　　瓦依昂坝设计阶段曾进行过大型的隧洞水压法试验，与此同时还进行了现场地震波量测，以研究坝基地变形特性。

　　隧洞水压法岩体变形试验是在两岸不同高程的平硐内进行的。试验结果表明，瓦依昂河谷高程较高边坡岩体的弹性模量 $E=(4~5)\times10^4kg/cm^2$，前者是在 24kg/cm² 压力下进行的，后者是在 40kg/cm² 压力下进行的。

　　在高边坡和低边坡处地震波量测结果表明，高边坡处岩体弹性模量 $E=(33~46)\times10^4kg/cm^2$，低边坡处岩体弹性模量 $E=(31.4~140)\times10^4kg/cm^2$。

　　由上述可以看出，地震波量测得到的岩体弹性模量大致是隧洞水压法量测得到的弹性模量的 8~9 倍，甚至达到 11 倍。

　　瓦依昂坝拱座裂隙化岩体灌浆前后变形试验表明，灌浆前岩石弹性模量 $E=$

$(3\sim10)\times10^4\mathrm{kg/cm^2}$，灌浆后量测得到的弹性模量 $E=(7.5\sim16)\times10^4\mathrm{kg/cm^2}$。

地力学模型试验是坝和地基的整体模型试验，模型长度比例尺和应力比例尺（λ 和 ζ）均为 1∶85，相对比例尺 $\rho=1$。原型岩石中均质岩石弹性模量按 $60\times10^4\mathrm{kg/cm^2}$，岩部总体按 $20\times10^4\mathrm{kg/cm^2}$ 考虑。模型材料为硫酸钡石膏和不同类型的胶体。加载形式为液体加载。

模型制作方法是将硫酸钡石膏材料预制成 16cm×14 cm×9cm 的斜棱柱体，约 3200 块。然后将预制块一层层浇制起来，以模拟大坝和地基实际轮廓和三组主要裂隙及一些顺河断层大型结构面，其中，裂隙面的粗糙度是用不同类型的胶体灌注在裂缝内加以模拟的，顺河断层等大型结构面是在大结构面所在位置将模型切开表示。最后用液体施加荷载，并量测其应力应变。

依照上述方法制作的模型尺寸，高 3m、长 7m、宽 5m。

图 2.5.4　瓦依昂双曲拱坝(1963 年)

　　试验结果表明，与整体、均质、无裂隙整体型相比，建筑在具有裂隙断层坝基上的整体模型具有最低的稳定安全系数 2，其拱冠变形为前者的五倍。因此，根据这种模型试验成果，决定在坝肩部位采取固结灌浆和加锚索的加固措施。实践证明，在震惊世界的托克山灾害性滑坡过程中，大坝经受住了超载 2～3 倍的考验，加固坝肩措施是正确的、有效的。瓦依昂拱坝修建完成蓄水的照片以及托克山灾害性滑坡发生后现状照片见图 2.5.4 和图 2.5.5。

图 2.5.5　瓦依昂水库现状

　　综上可以看出，地力学模型试验在评价坝的安全和地基稳定性和采取有效措施方面是多么的重要。

第3章　模型材料及模拟方法研究

本章针对坝肩岩体不均匀性严重、变形模量(以下简称变模)E 变化幅度大以及坝肩各类结构面抗剪强度差异大的问题,开展了模型岩体材料中各组成成分对变形模量 E 的影响研究和模型结构面相似模拟研究。坝肩岩体条件和力学性质十分复杂,岩体具有不均匀性严重、变形模量 E 变化幅度大的特点,如立洲工程中坝基岩体的变形模量由 2GPa 变化到 12GPa,又如小湾工程中的Ⅰ类到Ⅴ类岩体的变形模量由 25GPa 变化到 5GPa,为了便于模型模拟研究,按岩体变形模量 E 的大小,将岩体划分为高、中、低三类,高性能岩体适用于变形模量在 10GPa 以上的Ⅰ、Ⅱ类岩体,中等性能岩体适用于变形模量在 6~10GPa 的Ⅲ、Ⅳ类岩体,低性能岩体适用范围为变形模量在 6GPa 以下的Ⅳ、Ⅴ类岩体、卸荷岩体、柱状节理等,通过材料模型试验,找出控制模型材料高、中、低变模的材料组成成分,以适应原型岩体变模变化需求;由于坝肩岩体结构面的复杂性,如立洲拱坝坝肩存在断层、长大裂隙、层间剪切等软弱结构面,结构面力学参数变化范围大,为了真实模拟坝肩地质缺陷,研制满足断层和裂隙等力学指标的模型相似材料,较准确地模拟结构面的几何特性、力学特性,实现模型结构面抗剪强度 $\tau'_m\,(f'_m,c'_m)$ 的综合控制。

3.1　地质力学模型材料选用原则

模型材料是模型试验的基础,是模型试验是否成功的关键。地质力学模型一般用于研究建筑物及周围岩体的材料在荷载作用下经过弹性、弹塑性阶段直至破坏的整个发展过程,要求模型在整个过程中均满足与原型的相似,因此,在模型材料的选择上,已不同于传统的弹性模型试验。选用地质力学模型材料,应遵循以下原则。

(1)地质力学模型材料应满足破坏模型相似条件。除了一般性要求,还必须满足一些特殊要求。

① 在需要利用模型材料的自重来模拟岩体的自重效应时,一般要求模型和原型材料的容重比值接近于 1,即 $C_\gamma \approx 1$,以此来模拟岩体的自重。

② 模型材料的主要力学性质与原型材料在整个极限荷载范围内都必须满足相似要求。如模拟破坏过程时,在单向、两向或三向应力状态中,必须使材料的

极限强度(拉、压、剪)有相同的相似常数。

③ 模型把包含断层、破碎带等的复合岩体结构视为一个整体,其各组成部分的变形特性也必须加以考虑,在进行模拟试验时,除了要求弹性阶段 C_ε=1,还应要求塑性阶段 C_ε=1。

④ 在考虑断层、破碎带、节理、裂隙等不连续面的强度特性时,除了满足摩擦系数 f 相等,还要考虑材料的内摩擦角相等,材料的抗剪强度相似的条件。

(2)地质力学模型材料还应尽量满足材料成本低廉、性能稳定、无毒害和容易加工的要求,使材料加工成型简单方便,工作人员的健康得以保证,并确保成果的可靠性。

在地质力学模型试验中,模型材料的选择是非常重要的一个环节,模型材料的选择、配比以及试制作工艺对材料的物理力学性质具有很大的影响,对原形重要特征的模拟,决定着模拟真实结构与岩体的精确性,是模型试验成功与否的关键。

3.2　模型坝肩坝基岩体材料模拟研究

根据模型材料高容重、低变模的选用原则,在高拱坝地质力学模型试验中,通常选用重晶石粉、水泥、石蜡、机油、水等作为模拟坝肩岩体的原料,其中重晶石粉是一种较理想的模型材料主要成分,其物理化学性质都很稳定,而且成本较低。以重晶石粉为主相继开发出了各种配比的模型材料,材料试验研究发现在模型材料中,水泥、石蜡、机油是控制高、中、低性能岩体模型变形模量的重要因素,因此,为了准确模拟变形模量变化范围大的岩体模型材料的力学特性,本节开展了模型岩体材料中各组成成分对变形模量 E 的影响研究,系统地分析水泥、石蜡和机油对模型变形模量 E 的影响控制关系。

在材料试验的研究过程中,配制岩体相似材料的各种原材料按不同配比制成混合料,并压制成小块体,材料配比中将重晶石粉的质量单位定为 100,其他成分的含量以与重晶石粉的质量比而定(以百分比计)。试验中所用的试件在模具中夯压成型,其具体做法是:依据模型试验的相似要求,先按照材料的物理力学特性的相似要求选择合适的模型材料制作成配合料,然后倒入专门的钢模具中,用专门的压力机压制成小块体备用,砌块的几何尺寸和结构面要依照力学相似设计,成型后在室内自然干燥 15 天后,试件重量保持不变时进行力学性能试验,容重相似比为 1.0。

3.2.1　高性能岩体相似模拟

高性能岩体通常是指强度较高、变模较大的岩体,如工程上常见的Ⅰ类和Ⅱ

类体。水泥对于较大程度地提高模型材料的力学性能有着积极的作用，因为水泥用量增加，加深了水泥和水发生水化反应的程度，结果在模型材料中增加了水化产物——水化硅酸钙的含量，水化硅酸钙具有较大的强度和较强的胶凝特性，使相似材料的强度和变形模量进一步得到提高。因此，为了获得高性能岩体相似材料，进行了块体力学特性试验研究。研究成果如图 3.2.1 所示。

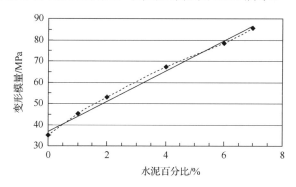

图 3.2.1　变形模量与水泥用量关系曲线

虚线为变形模量与水泥用量关系曲线，实线为回归线

研究结果表明，变形模量随水泥含量增加而逐渐增加，基本呈正比关系。由图 3.2.1 可知，当水泥含量从 0%增加到 7%时，变形模量范围从 35MPa 增加到 86MPa，对应于原型材料来说，当相似比为 1∶300 时，对应可模拟的原型岩体变形模量从 10.5GPa 增加到 25.8GPa。如图 3.2.1 中实线部分所示，变形模量随水泥控制方程的简化形式如式(3.2.1)所示。

$$y=712.82x+35.68 \tag{3.2.1}$$

式中，y 为变形模量；x 为水泥含量。

这种关系式上的适当简化调整，不仅可以满足岩体材料相似关系，也为研制不同范围变形模量的相似材料提供了较为简单可行的依据。

由上述分析可知，当需要配制强度较高、变形模量较大的岩体相似材料时，可采用提高水泥含量来实现，且改变水泥含量可以较大幅度地调节变形模量适用范围。

3.2.2　中等性能岩体相似模拟

调节水泥含量可以配制较高强度的岩体相似材料，但对于性能中等的岩体材料的相似模拟，如工程中常见的Ⅲ类岩体，变形模量在 10GPa 以下时，在原材料配比中将不再掺入水泥成分。此时材料试验研究中，通过调节石蜡含量来实现中等变形模量岩体相似材料的研制，固体石蜡本身具有较强的粘附性和柔韧性，且弹性适中，材料性能也比较稳定，作为中等性能岩体材料的黏结剂比较理想。但由于石蜡在常温下是固体形态，无法与模型材料充分融合，因此，在模型制作前期将固体石蜡与模型材料混合后高温溶解，增加材料的可塑性。因此为了获得中等性能岩体相似材料，进行了块体力学特性试验研究。研究成果如图 3.2.2 所示。

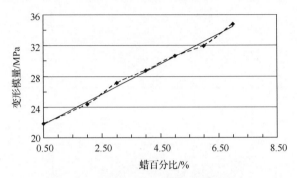

图 3.2.2　变形模量与石蜡含量关系曲线

虚线为变形模量与石蜡用量关系曲线，实线为回归线

　　研究结果表明，变形模量随石蜡含量增加而相应增加，基本呈正比关系，如图 3.2.2 所示，当质量比从 0.5% 增加到 7% 时，相对应的模型材料变形模量从 22MPa 增加到 35MPa。当相似比为 1∶300 时，对应可模拟的原型岩体变形模量从 6.6GPa 增加到 10.5GPa。如图 3.2.2 中实线部分所示，变形模量随石蜡控制方程如式（3.2.2）所示。

$$y=195.18x+21.57 \tag{3.2.2}$$

式中，y 为变形模量；x 为石蜡含量。

　　由上述分析可知，当配制中等强度且变形模量变化范围不大的岩体模型材料时，可采用调节石蜡含量来实现变形模量适用范围。

3.2.3　低性能岩体相似模拟

　　工程地质构造中常见的 IV 类岩体具有强度和变形模量较低的特点，岩体性能较差。对此类岩体相似材料的研制，通过调节水泥和石蜡含量已无法满足低变模的要求，而以机油为黏结剂，性能稳定，对于降低变形模量有明显的效果，高标号机油耐高温性的指标高，在高温下的材料性能也能保持稳定。因此，针对低变模岩体开展了不同机油含量对变形模量的影响试验研究。

　　研究结果表明，变形模量随机油含量增加而降低，基本呈反比关系。如图 3.2.3 所示，当机油含量从 3.5% 增加到 6.5% 时，相对应的变形模量在 22MPa 到 14MPa

之间。当相似比为 1 : 300 时,对应可模拟的原型岩体变形模量在 6.6GPa 和 4.2 GPa 之间,可以满足低变形模量岩体相似材料的研制要求。

通过分析得到变形模量与机油含量的关系如式(3.2.3)所示。

$$y = -238.6x + 28.82 \qquad\qquad (3.2.3)$$

式中,y 为变形模量;x 为机油含量。

试验结果表明,当岩体性能较差,变形模量较小时,在材料配比中,需通过提高机油含量来实现降低变形模量的目的。

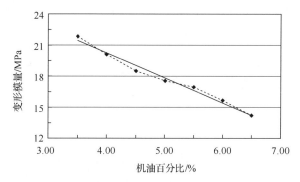

图 3.2.3　变形模量与机油含量关系曲线

虚线为变形模量与机油用量关系曲线,实线为回归线

通过不同性能岩体相似模拟试验研究得到不同类型掺和料调节的岩体变形模量变化区间范围,如图 3.2.4 所示。

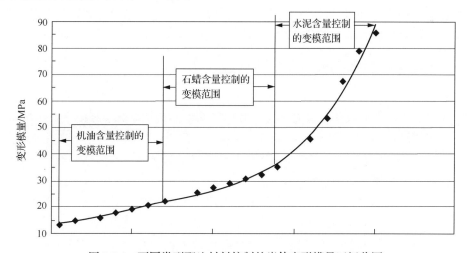

图 3.2.4　不同类型配比材料控制的岩体变形模量区间范围

由图 3.2.4 可见，在主要材料含量保持一定条件下，水泥是影响高强度和高变形模量岩体相似材料的关键因素，通过调节水泥含量，可以较大幅度地改变模型材料的变模变化幅度，因此，水泥用量对于试验结果的敏感性最大，可以显著提高相似材料的变模增加幅度。当变形模量变化范围在较小区间波动时，可以通过调节石蜡和机油含量来实现相似材料的模拟。

对于不同性能的岩体，在模拟时所对应的块体形状及体积也有所不同：高性能岩体材料的模拟，适用于岩体完整的坚硬岩，如工程中常见的Ⅰ类和Ⅱ类岩体，其强度高，岩层厚实，因此可以采用面积为 $(10 \times 10)\,\mathrm{cm}^2$、厚度为 5～10cm 的模型块体进行岩体模拟；中等性能岩体材料的模拟，适用于岩体较完整的较坚硬岩，如工程中常见的Ⅲ类和Ⅳ类岩体，可以采用面积为 $(10 \times 10)\,\mathrm{cm}^2$、厚度为 5～7cm 的模型块体进行岩体模拟；低性能岩体材料的模拟，适用于软岩，岩体较破碎～破碎，如工程中常见的Ⅳ类和Ⅴ类岩体、深部裂隙、卸荷岩体、柱状节理等，由于岩体较为破碎，需采用面积为 $(5 \times 5)\,\mathrm{cm}^2$、厚度为 1～5cm 的小块体模型岩体精细模拟。

3.3　模型结构面模拟研究

在地质力学模型试验中，准确模拟坝肩山体及基础内部断夹层、软弱结构面等地质缺陷是高坝地质力学模型试验成功与否的关键，但一般这些结构面产状与力学性质很复杂，结构面抗剪强度参数变化范围大，增加了模拟的难度。本节针对各类结构面抗剪强度差异大的问题，采用可熔性高分子软料夹不同塑料薄膜来模拟软弱结构面，通过改变薄膜材料与软料的组合形式，以及控制软料中可熔性高分子材料含量的方法，实现模型结构面抗剪强度 $\tau'_\mathrm{m}\,(f'_\mathrm{m},c'_\mathrm{m})$ 的综合控制。

3.3.1　结构面模型材料研究

对于结构面的模拟，在模型内通常略去岩石表面的不规则性。事实上，为了简化起见，岩体表面大部分被理想化，并用平面细心模拟。对于摩擦系数的模拟，国外多采用清漆掺润滑脂及滑石粉等混合料涂于层面间，这种方法可获得较大幅度（ $f = 0.1 \sim 1.0$ ）的不同摩擦系数，但由于温度变化及喷涂工艺对它们的性能影响较大，成果离散度大，稳定性差。

通过大量的试验以及国内外模型试验模拟经验[45,50,76,112,138]总结出，采用不同光滑度并且防潮性较好的夹膜材料模拟结构面摩擦系数，适用范围广，且稳定性良好。为了研究薄膜材料对结构面 f 值的影响控制，作者进行了大量薄膜材料组合的力学试验研究，试验采用变角板剪切法，变角板剪切法是通过一套特制的夹具使试样沿某一摩擦面产生剪切破坏，然后通过静力平衡条件解析剪切面上的法向压应力和剪应力，从而绘制法向压应力(σ)与剪应力(τ)关系曲线，求得结构面的摩擦角(ϕ)。它包括夹板、弧形卡槽、变角板，具体操作步骤是：取模型块体固定在夹板上做垫块，并在垫块上铺设需要测试的结构面夹膜材料，然后取相同的模型块体放置在夹膜材料上，通过弧形卡槽调节试样剪切面的角度，实现试样剪切面角度的连续调节，直到试样沿某一角度产生剪切破坏为止。

表 3.3.1 介绍了一些模拟不同结构面摩擦系数的成果[138]。

表 3.3.1　薄膜材料对结构面摩擦系数的模拟

序号	块体间夹层材料	摩擦系数 f
1	聚四氟乙烯薄膜/聚四氟乙烯薄膜	0.15
2	铝箔纸(贴)聚四氟乙烯薄膜/铝箔纸(贴)	0.17
3	两层蜡纸	0.25
4	一层聚酯 + 一层聚四氟乙烯	0.29
5	两层聚酯	0.32
6	铝箔纸(贴)/蜡纸/铝箔纸(贴)	0.35
7	一层薄膜 + 一层描图纸	0.37
8	一层聚四氟乙烯	0.39
9	两层描图纸	0.41
10	一层聚酯 + 一层薄膜	0.42
11	聚乙烯薄膜(贴)	0.49
12	一层聚乙烯	0.49
13	铝箔纸(贴)	0.55
14	描图纸	0.65
15	聚乙烯醇涂层	0.75

在实际工程中，坝肩岩体中除了发育有胶结或无充填的硬性结构面，还存在有大量具有一定厚度、充填泥化物质的软弱结构面(表 3.3.2)，如立洲工程坝址区岩体中断层 f5，断层带宽 5～10cm，断层带主要有岩屑、方解石夹泥充填等；断层 F10，断层带宽 100～200cm，断层带由一系列破裂面组成，充填物为方解石及岩屑。对于软弱结构面泥化填充物的力学性质模拟，许多科研单位开展了深入研究，如清华大学水利水电工程系采用特殊的黏结剂[70,112]进行软弱结构面 f 值与 c 值的相似模拟，四川大学水利水电学院也在该方面开展了相关的研究[12,85,138]，提出采用一种可熔性高分子材料可以很好地模拟结构面的泥化现象，在试验中发现，采用薄膜材料与可熔性高分子软料(简称"软料")的组合，可以通过改变薄膜材

料与软料的组合形式来调节结构面抗剪强度参数，较真实地模拟结构面的力学性质。软料以重晶石粉、机油、石蜡以及可熔性高分子材料为主要成分，其中可熔性高分子材料还可以随着温度的升高而逐步降低自身抗剪强度，为模型试验强度储备法及综合法奠定了基础。

表 3.3.2　结构面分类及其抗剪断强度[139]

类型	泥质含量	f'	c'/MPa
胶结的结构面	无	0.90~0.70	0.30~0.20
无充填的结构面	无	0.70~0.55	0.20~0.10
岩块岩屑型	粘粒含量少或无，一般在 2%~3%	0.55~0.45	0.10~0.08
岩屑夹泥型	粘粒含量<10%	0.45~0.35	0.08~0.05
泥夹岩屑型	粘粒含量 10%~30%	0.35~0.25	0.05~0.02
泥	粘粒含量>30%	0.25~0.18	0.001~0.005

注：①表中参数限于硬质岩中胶结或无充填的结构面；②软质岩中的结构面应进行折减；③胶结或无充填的结构面抗剪断强度，应根据结构面的粗糙程度选取大值或小值。

3.3.2　模型结构面几何特性与力学特性相似模拟

对于地质力学模型坝肩结构面的模拟，为了将结构面真实地模拟出来，需要对结构面的几何特性、力学特性进行系统的研究。几何特性，研究其产出状态、延伸长度、宽度等，以求建立确定性结构面的空间物理模型，保证结构面的几何相似；力学特性，研究其结构面的性状、充填物、风化特征等，以求确保结构面的力学相似。

（1）几何特性模拟。制作断夹层、软弱结构面时，根据模型设计要求，在坝基砌筑之前，首先按平切图定出起始高程的岩层、岩脉、断层等主要结构面的分布范围及产状，在模型槽底板和两侧边墙进行放线，并配合岩体的制模过程和制模要求确定砌筑步骤，特别是要考虑坝基内不同倾向的岩层、结构面给砌筑带来的难度。此外，在模型砌筑中还要兼顾内部测点和引出线的布置，各种工序要相互协调。根据相似要求，有些断夹层或软弱结构面等经过缩小后，坝基下的断层和层间错动带由于厚度小，无法压块制模，则按要求选定不同配合比的材料，按各自不同的厚度及要求，采用敷填或铺填压实方法制作。当需要在模型中布设内部位移计或其他内部量测设备时，则要一边敷填一边按照预先设计的布置方案埋设。

（2）力学特性模拟。在传统的模型试验中，对结构面抗剪断强度指标 f'、c' 值，只要求 $C_{f'}=1$，而忽略 c' 值的作用。其主要原因是原型材料的 c 值较小，按相似关系 $C_m = C_p / C_\sigma$ 缩小后，模型材料的 C_p 值将变得更小，而如此低参数的模型材料很难配制成，如果忽略 C 值影响，只满足 f 的相似要求，则无形中提高了 C_m，而使材料不能满足相似关系，从而可能出现由试验所得安全度偏高的结果。为此，我们采用由模型材料实测得的 f'_m 与 c'_m 值，以二者的综合效应，由 $\tau'_m = f'_m \sigma_m + c'_m$ 求得 τ'_m 值，使之满足相似要求，这样处理更为符合工程实际。通过大量试验发现，薄膜材料与可熔性高分子软料的组合，对软弱结构面的模拟非常易于控制。在试验中发现，可以通过控制软料中可熔性高分子材料的含量，以及调整薄膜材料的组合形式，实现结构面 $\tau'_m (f'_m, c'_m)$ 的综合控制。

为了研究薄膜与软料对结构面抗剪断强度的影响控制，本书进行了大量的配比组合及力学试验研究，试验采用直剪法试验，直接剪切试验是研究结构面力学性质的有效手段，可以很好地模拟结构面的受力特性。采用直剪法有以下优点[140]：①在直剪试验条件下，先施加法向力，再沿着结构面的加载剪切力能较好地模拟弱面破坏特点；②在自然界中，结构面在最小主应力为拉应力状态下发生破坏的情况非常普遍，直剪试验恰能满足结构面的这种受力特点；③直剪试验允许结构面在发生剪切变形后继续加载，从而能够得到最终破坏的峰值强度；④直剪试验可以使其他弱面对剪切面的影响降低到很小的程度。

通过直剪试验以及相应的量测设备，可研究结构面模型材料的强度和变形特性，进而研究结构面模型材料破坏规律。模型试验中，材料强度常按莫尔-库仑理论来考虑 c、f 的综合效应。模型材料抗剪强度 τ 的设计值与试验中的相似性如图 3.3.1 所示。

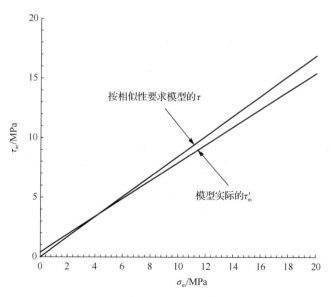

图 3.3.1　模型结构面材料设计值与实测值的相似性

第4章 拱坝坝肩稳定破坏机理试验研究

4.1 工程概况及地形地质条件分析

4.1.1 工程概况

立洲水电站是木里河干流水电规划"一库六级"的第六个梯级，上游接固增水电站，下游为锦屏一级水电站库区，坝址区位于四川省凉山彝族自治州木里藏族自治县境内博科乡下游立洲岩子至八科索桥 2.4km 的河段。立洲水电站正常蓄水位 2088m，装机容量 355 MW（包含 10MW 生态机组），多年平均发电量为 15.52 亿 kW·h，水库总库容 1.897 亿 m^3，正常蓄水位以下库容 1.787 亿 m^3，调节库容 0.82 亿 m^3，开发任务以发电为主。

立洲水电站采用混合式开发，工程枢纽建筑物由碾压混凝土双曲拱坝、坝身泄洪系统、右岸地下长引水隧洞及右岸龚家沟地面厂房组成。其中拦河大坝为抛物线双曲拱坝，坝顶高程▽2092.00m，坝底高程▽1960.00m，最大坝高 132.0m（不含垫座），为世界级高碾压混凝土拱坝。

4.1.2 地形地貌

坝址区位于立洲岩子灰岩峡谷内，河流流向由 S21°W 转 S28°E，左岸临河坡顶高程▽2438m，坡高 450m 左右；右岸临河坡顶高程▽2632m，坡高约 600m。地形较为完整，出露地层为灰岩，河谷较为狭窄，两岸均为高大陡壁，山体雄厚，岩质坚硬。

坝址区 2170m 高程以下河谷狭窄，断面呈 U 形，河谷宽 20～150m，左岸自然边坡坡角约 67°，右岸约 75°；2170m 高程以上两岸河谷形态差异较大，右岸 2170～2310m 高程之间坡度稍缓，自然坡度约 43°；2220～2440m 高程之间坡度较陡，自然坡度约 73°，2440m 高程以上坡度又变缓到 45°左右；左岸 2170～2438m 高程地形坡度也较陡，平均坡度约 65°，2438m 高程以上地形坡度变缓，平均坡度 30°～35°。坝址区工程地质平面图详见图 4.1.1。

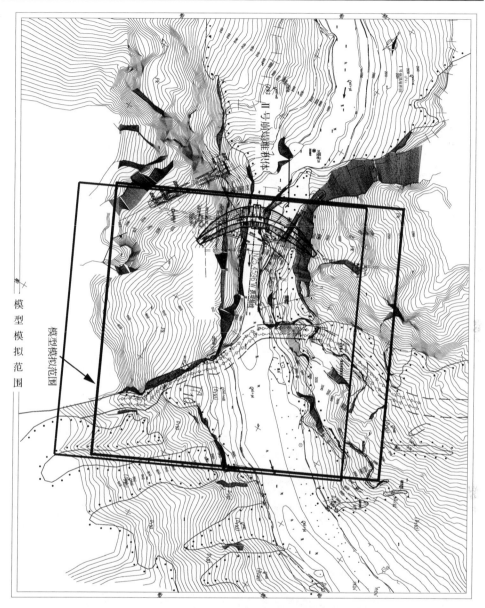

图 4.1.1　立洲水电站坝址区工程地质平面图及模型模拟范围平面图

4.1.3　坝址区地质特点分析

1. 岩体变模差异大

枢纽区河流自北向南流,河谷呈 U 形。坝址区出露地层归属于异地系统地层,由老到新有：泥盆系下统依吉组(D_1yj)灰黑色薄层夹极薄层炭硅质板岩、极薄层灰岩夹砂岩以及灰、灰绿色薄层状板岩、千枚岩夹硅质板岩，总厚度大于382m。二叠系卡翁沟组(Pk)灰色厚层夹中厚层状灰岩、大理岩化灰岩，厚度大于600m。

根据岩体完整程度、结构面发育程度和性状及岩块嵌合情况，岩体质量共划分为二个大类，五个亚类。各类岩体变形模量 E 差异非常大，从2~12GPa不等，岩体的不均匀性非常突出，导致在受力条件下变形分布非常不一致，影响坝肩及坝基的稳定性。这也使岩体模型材料的选取增加了难度，需要根据前面的模型材料研究成果，进行相似材料配比并进行力学特性试验研究。坝址区各类岩体力学参数建议值见表4.1.1。

表 4.1.1　坝址区岩石(体)物理力学参数地质建议值表

地层代号	地层岩性	风化程度	密度/(g/cm³)	比重	饱和抗压强度/Mpa	软化系数	泊松比	承载力/MPa	抗剪(断) 岩/岩 f	抗剪(断) 岩/岩 f'	抗剪(断) 岩/岩 $c'/$MPa	抗剪(断) 岩/砼 f'	抗剪(断) 岩/砼 $c'/$MPa	变形模量/GPa
Pk	厚层状灰岩、大理岩化灰岩	弱风化下部	2.65	—	36		0.25	3.5	0.55	0.8	0.6	0.80	0.6	8
		微新	2.70	2.75	52	0.73	0.23	5.5	0.65	1.2	1.0	1.05	0.9	12
D_1yj	极薄、薄层炭硅质板岩	强风化	2.45	—	5~8			0.5~0.8						—
		弱风化	2.65	—	20			2.0		0.5	0.4			2
		微新	2.67	2.74	40	0.65	0.30	3.5		0.8	0.7			5
F_{10}断层及影响带	左岸	微新	碎裂结构				—	—		0.8	0.70			3
		弱风化	碎块状结构				—	—		0.5	0.05			0.5
	右岸	弱至微新	碎块状结构				—	—		0.5	0.05			0.5

注：表中灰岩相关参数参照试验值提供，板岩相关参数参照《水力发电工程地质勘察规范》(DL/T 5410—2009)及工程经验取值。

2. 断层和长大裂隙纵横交错

枢纽区断裂构造比较发育，主要构造形迹为不同规模的断层、长大裂隙。影响左坝肩的有断层F10、f4、f5，长大裂隙带有L1、L2、Lp285等，影响右坝肩的有断层F10、f4，主要裂隙面及软弱结构面的强度参数见表4.1.2，按规模、产状描述如下。

断层F10属Ⅱ级结构面，与坝踵之间最近距离约150m，断层带宽度100~200cm，由一系列破裂面组成，充填物为方解石及岩屑。

属Ⅳ级结构面的小断层有 f4、f5 等：f4 主要发育于左岸下层栈道以下陡壁上，局部分布于右岸坝肩，产状 N30°～40°W/NE∠40°～50°，正断层，错距约 10～20cm，断层带宽 5～20cm；f5 为一条横河向平移断层，产状 N70°W/SW∠80～85°，平移断层，断层带宽 3～5cm，影响带 20～40cm 不等。

长大裂隙带 L1、L2、Lp285 属Ⅳ级结构面：L1 为一裂隙密集带，发育于左岸陡壁，向下延伸至河床，向上延伸到▽2090m 左右，裂隙产状为 N75°W/NE∠68°，裂隙宽 0.3～0.5cm，充填岩屑、铁质夹少量泥，裂隙带宽 50～70cm；L2 也为一裂隙密集带，发育于左岸陡壁，裂隙产状为 N80°～90°E/SW∠60°～64°，裂隙宽 2～10cm，充填岩屑、铁质夹少量泥，裂隙带宽约 30cm 左右；Lp285 系左岸一条较大裂隙，产状为 N30°W/NE∠70°～85°，裂隙宽 3～8cm，充填黄色黏土夹少量灰岩碎石，黏土呈软塑状，含量占 80%～90%。

3. 层间剪切带横切山谷

根据地表调查及平硐揭示，坝址区发育 fj1～fj4 共有 4 个层间剪切带，属硬性结构面，平行于层面发育。按规模分类，层间剪切面均属Ⅳ级结构面：fj1 位于河水位附近，在峡谷出口处较为明显；fj2 位于下层栈道附近，该层间剪切带在卸荷区多有泥化现象，而在弱风化带充填物以岩屑夹泥为主，厚度 0.5～3cm 不等；fj3、fj4 位于坝顶高程附近，其连续性较好，宽一般为 0.2～0.5cm，充填物以岩屑夹黄色黏土为主。坝轴线工程地质剖面如图 4.1.2 所示。

4. 节理岩体发育

坝址区优势裂隙主要可分为以下四组，见表 4.1.3。

Ⅰ组：N80°～90°E/SE∠50°～70°(或 NW∠60°)，该组裂隙最为发育，弱风化带内宽一般为 0.3～0.5cm，充填物为岩屑夹黏土，连通率为 55%；微风化带内裂隙宽度为 0.1～0.3cm，充填物以岩屑、解石及铁质为主，连通率为 35%。

Ⅱ组：N50°～70°E/SE∠80°～90°(或 NW∠50°～60°)，该组裂隙发育，弱风化带内宽一般为 0.2～0.5cm，充填物为岩屑夹黏土，连通率为 50%；微风化带内裂隙宽度为 0.1～0.3cm，充填物以岩屑、方解石为主，连通率 30%。

Ⅲ组：N20°～40°W/SW∠80°～90°，该组裂隙发育，弱风化带内宽一般为 0.2～0.5cm，充填物为岩屑夹黏土，连通率为 60%；微风化带内裂隙宽度为 0.1～0.3cm，充填物以岩屑、解石及铁质为主，连通率为 30%。

Ⅳ组：N60°～80°W/SW∠60°～80°(或 NE∠75°～85°)，访组裂隙在弱风化带内宽一般为 0.2～3cm，充填物为岩屑夹黏土，连通率为 50%；微风化带内裂隙宽度为 0.1～0.35cm，充填物以岩屑、解石及铁质为主，连通率 35%。

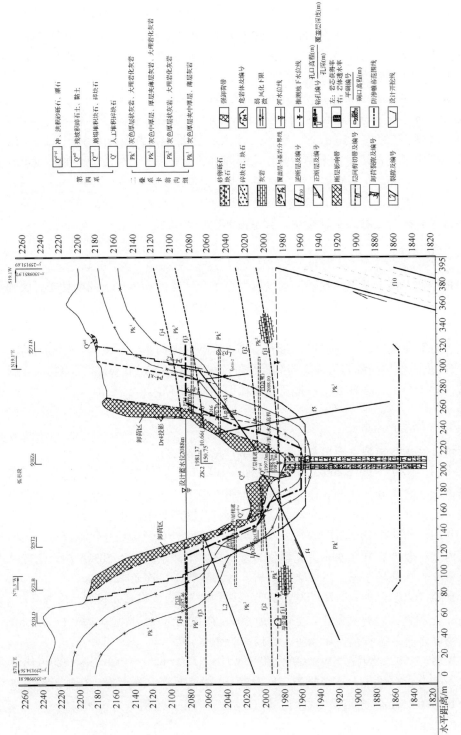

图4.1.2　立洲水电站坝轴线工程地质剖面图

表 4.1.2　坝址区结构面力学性质指标地质建议值表

结构面类型	结构面性状	抗剪断强度		变形模量 /GPa	备注
		f'	c'/MPa		
二叠系灰岩层面	岩屑夹泥型层面	0.45	0.05	—	弱风化带内
	一般层面	0.70	0.10	—	无充填或岩屑，有起伏
fj1 及 fj2 层间剪切带	岩屑充填型	0.65	0.08	—	综合强度
fj3、fj4 层间剪切带	岩屑夹泥型	0.45	0.03	—	综合强度
陡倾裂隙	泥质充填	0.20	0.005	—	黄色黏土夹少量碎石，软塑状（Lp285）
	溶蚀扩张	0.35~0.45	0.05	—	岩屑夹泥
	一般裂隙	0.65	0.08	—	无充填或少量方解石薄片夹泥膜充填
卸荷裂隙	微张	0.35~0.45	0	—	
	张开	0	0	—	
L1、L2 裂隙带	裂隙多紧密或少量方解石薄片或泥膜充填	0.65	0.06	3~4	L1 裂隙带宽约 80cm，L2 裂隙带宽约 30cm
f4、f5 断层带	岩屑、方解石夹泥充填型	0.45	0.05	3~4	

表 4.1.3　节理岩体参数

裂隙组	f'	c'/MPa	η/%
Ⅰ组 N80°~90°E/SE∠50°~70°	0.72	0.32	50
Ⅳ组 N60°~80°W/SW∠60°~80°	0.68	0.24	50
Ⅱ组 N20°~40°W/SW∠85°	0.85	0.48	50
Ⅲ组 N34°W/NE∠77.5°	0.83	0.45	60

4.2　坝肩（坝基）岩体及地质构造模拟研究

4.2.1　模型相似系数及模拟范围

在地质力学模型中所模拟的岩体，必须满足破坏试验的相似要求。其中，几何相似要求为必要条件，应力应变关系相似要求、地质构造面上抗剪强度相似要求为决定条件，荷载条件为相似的边界条件。在地质力学试验中，为了能用模型材料自重模拟坝体和岩体自重，一般取容重相似常数 $C_\gamma=1.0$。根据立洲拱坝工程特点及试验精度要求等综合分析，并结合类似工程模型试验的经验，确定模型几

何比 C_L=150。立洲拱坝三维地质力学模型试验采用的相似常数如下。

(1)几何相似常数：C_L＝150。

(2)容重相似常数：C_γ＝1.0。

(3)泊桑比相似常数：C_μ＝1.0。

(4)应变相似常数：C_ε＝1.0。

(5)应力相似常数：$C_\sigma=C_\gamma \cdot C_L$＝150。

(6)位移相似常数：$C_\delta=C_L$＝150。

(7)荷载相似常数：$C_F=C_\gamma \cdot C_L^3=150^3$。

(8)变模相似常数：$C_E=C_\sigma$＝150。

(9)摩擦系数相似常数：C_f＝1。

(10)凝聚力相似常数：$C_c=C_\sigma$＝150。

通过国内外相关的试验经验，模型模拟范围主要要考虑坝基及坝肩主要地质构造特性、坝址区河谷的地形特点和试验的精度要求以及布置要求等因素来综合分析，在确定模型模拟范围时，一般认为试验过程中横河向的模拟宽度(即横向边界约束)应满足不致影响坝肩及抗力体的破坏失真，并且应当包括两岸结构面等影响坝肩稳定的主要因素，试验中常取坝顶两拱端一倍坝高以外的宽度为边界。顺河向考虑时，其中上游边界以考虑能够安装加压及传压系统，下游以 2 倍坝高以上为界。模型坝基的模拟深度一般应大于 2/3 坝高，两岸山体顶部得模拟高度以大于 1 倍坝高为限。由此确定出模型的模拟范围如下。

(1)纵向边界：上游边界距离拱冠上游坝面 30m 处；下游边界距离拱冠上游坝面 360m 处，大于 2 倍坝高，则顺河向模拟总长度为 390m。

(2)横河向边界：左岸边界距离拱坝中心线 210m，右岸边界距离拱坝中心线 210m，则横河向模拟总宽度为 420m。

(3)竖直向边界为：模型基底高程为▽1850m，建基面高程为 1960m 高程，坝基模拟深度为 110m，大于 2/3 倍坝高；两岸山体模拟至 2150m 高程，高出坝顶高程 58m，大于 1/3 倍坝高，则模拟高度达 300m。

综上，立洲拱坝模型整体尺寸为 2.6m×2.8m×2m(纵向×横向×高度)，相当于原型工程 390m×420m×300m 范围。模型模拟范围平面图详见图 4.1.1。

4.2.2 坝肩岩体材料研究

坝址区各类岩体力学参数详见表 4.1.1，相应的各类模型材料力学参数详见表 4.2.1。

根据 C_L=150，岩体模型变形模量 E 为 20～80MPa，根据岩体材料相似模拟研究成果，配制出满足不同类型岩体力学参数相似关系的各材料配比，按配比制成混合料，再用压力机压制成不同尺寸块体储存。

表 4.2.1　坝址区各类岩体物理力学参数表（模型值）

地层代号	地层岩性	密度/(g/cm³)	风化程度	μ	E_0/MPa	岩/岩			岩/砼	
						f	f'	$c'/(10^{-3}$ MPa$)$	f'	$c'/(10^{-3}$ MPa$)$
Pk	厚层状灰岩、大理岩化灰岩	2.6	卸荷岩体		20	—	—	—	—	—
		2.65	弱风化下部	0.25	53.33	0.55	0.8	4	0.80	4
		2.7	微新	0.23	80	0.65	1.2	6.667	1.05	6
D₁yj	极薄、薄层炭硅质板岩	2.67	微新	0.30	33.33	—	0.8	4.667	—	—
F₁₀断层及影响带	左岸	2.5	微新		20	—	0.8	4.667	—	—
			弱风化			—	0.5	0.333	—	—
	右岸		弱至微新			—	0.5	0.333	—	—

　　在地质力学模型制作过程中，为保证模型试验结果的真实可靠性，需根据几何相似比做到岩体模型材料与原型材料在力学性能上保持相似。模型岩体材料的力学特性在 MTS-815 材料特性试验机上进行测试，如图 4.2.1 所示，用于制作模型的岩体模型材料如图 4.2.2 所示。

　　在需要模拟的岩体材料中，Pk 灰岩弱风化岩体、微新岩体变形模量较大，属于高性能岩体，因此在模拟时，需要参考式(3.2.1)，根据变模值，调整模型岩体

图 4.2.1　MTS-815 材料特性试验机

图 4.2.2　用于制作模型的块体材料

中水泥含量，得到满足相似关系的岩体材料配比，并采用面积为 $(10 \times 10)\,\text{cm}^2$、厚度为 5～7cm 的模型块体进行模拟，其力学特性测试结果如图 4.2.3 所示。

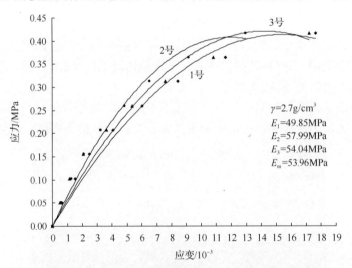

图 4.2.3　Pk 弱风化灰岩微新岩体应力应变曲线图

　　拱坝下游的 D_1yj 板岩微新岩体，属于中等性能岩体，因此在模拟时，需要参考式(3.2.2)，根据变模值调整模型岩体中石蜡含量，得到满足相似关系的岩体材料配比，可以采用面积为 $(10 \times 10)\,\text{cm}^2$、厚度为 5cm 的模型块体进行模拟，配制的岩体材料力学特性测试结果如图 4.2.4 所示。

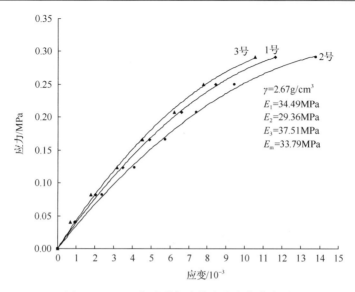

图 4.2.4 D_1yj 板岩微新岩体应力应变曲线图

坝肩卸荷岩体及 F_{10} 断层变形模量较低，属于低性能岩体，因此在模拟时，需要参考式 (3.2.3)，根据变模值，调整模型岩体中机油含量，得到满足相似关系的岩体材料配比，并采用面积为 $(5 \times 5)\,cm^2$、厚度为 5cm 的小块体模型岩体进行精细模拟，配制完成的岩体材料力学特性测试结果如图 4.2.5 所示。

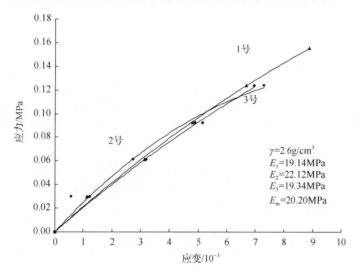

图 4.2.5 坝肩卸荷岩体应力应变曲线图

4.2.3 坝肩结构面模拟研究

针对立洲拱坝坝肩(坝基)的地质构造特点，在模型模拟过程中，对右坝肩及抗力体需重点模拟各类岩体及断层 f4、f5，层间剪切带 fj1、fj2、fj3、fj4，第Ⅰ、Ⅲ组节理裂隙等控制坝肩稳定的主要控制因素；对左坝肩及抗力体需重点模拟各类岩体及断层 f_4、f_5，长大裂隙 L1、L2、Lp285，层间剪切带 fj1、fj2、fj3、fj4，第Ⅰ、Ⅲ组节理裂隙等控制坝肩稳定的主要控制因素。在不影响整体力学性态情况下，对一些地质构造作一定的概化，为了便于模型砌筑，将右坝肩间距较小的4条卸荷裂隙 Lp4-x 概化为 2 条等。主要结构面及主要裂隙面的力学参数详见表4.1.2，相应的各类模型材料力学参数详见表 4.2.2。

表 4.2.2　坝址区结构面力学性质指标地质建议值表(模型值)

结构面类型	结构面性状	抗剪断强度		变形模量/ MPa
		f'	$c'/(10^{-3}\text{MPa})$	
fj1 及 fj2 层间剪切带	岩屑充填型	0.65	0.533	—
fj3、fj4 层间剪切带	岩屑夹泥型	0.45	0.2	—
陡倾裂隙 Lp285	泥质充填	0.20	0.0333	—
卸荷裂隙	微张	0.35~0.45	0	—
L1、L2 裂隙带	裂隙多紧密或少量方解石薄片或泥膜充填	0.65	0.4	20~26.7
f4、f5 断层带	岩屑、方解石夹泥充填型	0.45	0.333	20~26.7

根据前面结构面模拟研究工艺可知，坝肩发育的结构面中，断层 f_4、f_5 及层间剪切带 fj3、fj4 采用单层聚乙烯薄膜与模型软料的组合模拟，长大裂隙 L1、L2 及层间剪切带 fj1、fj2 采用单层聚乙烯薄膜与模型软料的组合模拟，陡倾裂隙 Lp285 采用聚四氟乙烯薄膜与模型软料的组合模拟，并通过调整软料中可熔性高分子材料含量，模拟模型材料力学特性，使模型材料实测得的 f'_m 与 c'_m 值综合效应满足 $\tau'_m = f'_m\sigma_m + c'_m$ 求得 τ'_m 值，从而满足相似要求。

在模型中，主要选择第Ⅰ、Ⅲ组节理裂隙等控制坝肩稳定的主要控制因素进行模拟，则裂隙组的模型参数值如下，见表 4.2.3。

表 4.2.3　断续节理岩体参数(原型值)

裂隙组	f'	$c'/(10^{-3}\text{MPa})$	$\eta/\%$
Ⅰ组 N80°~90°E/SE∠50°~70°	0.72	2.1	50
Ⅲ组 N34°W/NE∠77.5°	0.83	3	60

4.3　模型量测与加载布置

4.3.1　模型量测系统

在地质力学模型试验中主要进行位移(变位)测试,并辅以应变量测,而考虑该类试验常采用高容重、低变模、低强度的非线性材料为模型材料,因此一般不能进行应力测试。目前在地质力学模型试验中常布设的量测系统有三类:表面变位量测系统、内部相对变位量测系统、坝体应变量测。其中,外部变位和内部变位作为主要量测数据,坝体应变则作为判定坝基稳定安全度的依据。

综上所述,地质力学模型试验主要有三大量测系统,即拱坝与坝肩表面变位δ量测、结构面内部相对变位$\Delta\delta$量测、坝体应变ε量测系统。由于坝体上游侧布置有加压和传压系统,受空间限制,上游基岩面和坝体迎水面没有布置表面测点。

1. 坝体及坝肩抗力体表面变位量测

坝体及坝肩抗力体表面变位δ采用SP-10A型数值式位移装置带电感式位移计量测,详见第8章照片8.1。

在坝体下游面4个典型高程▽2092m、▽2050m、▽2000m、▽1960m的拱冠及拱端处,共布置了10个表面变位测点,安置了19支表面位移计,主要监测坝体的径向、切向和竖向变位。坝体表面变位测点布置情况及位移计编号详见图4.3.1。

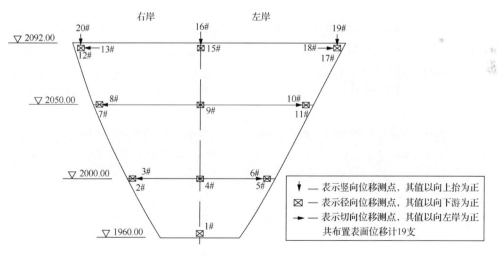

图 4.3.1　坝体下游面表面变位测点布置图

　　在两坝肩及抗力体岩体表面共布置了表面变位测点 45 个，其中左岸布置了 19 个测点，右岸布置了 26 个测点，每个测点双向量测，获得各测点的顺河向及横河向的变位情况。表面变位测点重点布置在软弱结构面出露处附近，如断层 f5、F10、各层间剪切带及卸荷裂隙 Lp4-x，以监测其表面错动情况。左岸变位测点主要布置在 A−A、B−B 两个典型横断面上，右岸变位测点主要布置在 a−a、b−b、c−c 三个典型横断面上。分别在左岸布置了 38 支、右岸布置了 48 支表面位移计，共计 86 支表面位移计。坝肩及抗力体表面变位测点布置情况及位移计编号详见图 4.3.2 及第 8 章照片 8.5。

2. 软弱结构面内部相对变位量测

　　在影响拱坝与地基变形和整体稳定的主要结构面上，如断层 f5、f4、裂隙 L1、L2、Lp285，层间剪切带 fj1～fj4 等，在结构面上布置内部相对变位测点，以监测其沿结构面的相对错动，共埋设了 42 个内部相对位移计。结构面内部的相对变位 $\Delta\delta$ 量测采用 UCAM—70A 型万能数字测试装置带电阻应变式相对位移计进行监测，详见第 8 章照片 8.2。

　　内部相对位移计在断层、裂隙等陡倾角的结构面上按走向单向布置，以监测沿结构面的相对错动；在倾角较小的层间剪切带上双向布置，即近横河向和近顺河向，以监测沿结构面向河谷方向和沿拱推力方向的相对错动。各主要结构面上的相对变位的测点布置情况及位移计编号详见图 4.3.3～图 4.3.11。

3. 坝体应变量测

　　坝体应变量测主要监测拱坝与地基变形及承载能力发生变化时，坝体应变所产生的相应变化。应变量测采用 UCAM−8BL 型万能数字测试装置进行应变监测，详见第 8 章照片 8.3。由于受坝体模型材料非线性特性的限制，应变测点所测得的应变值不能换算为坝体应力，但应变曲线的变化特征可作为判定坝肩稳定安全系数的重要依据之一。

　　在拱坝下游面 4 个典型高程▽2092m、▽2050m、▽2000m、▽1960m 的拱冠及拱端处，共布置了 12 个应变测点，每个测点在水平向、竖向及 45°方向各布置一张电阻应变片，共布置了 36 张电阻应变片，其测点布置及应变片编号见图 4.3.12。

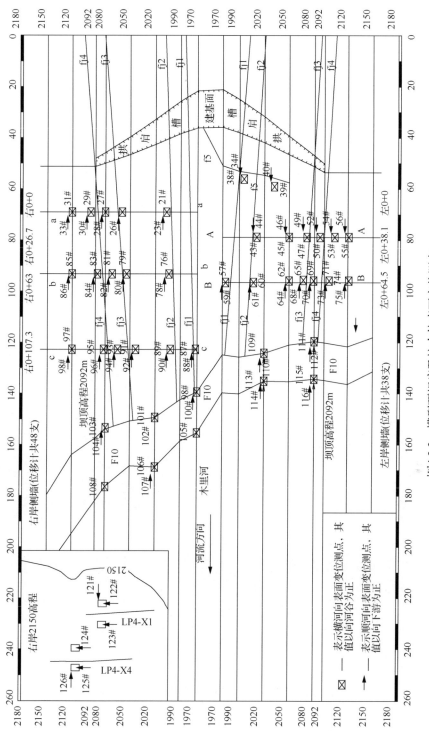

图4.3.2 模型两坝肩及抗力体表面变位测点

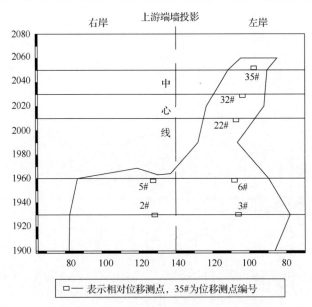

图 4.3.3 断层 f5 内部相对变位测点布置图

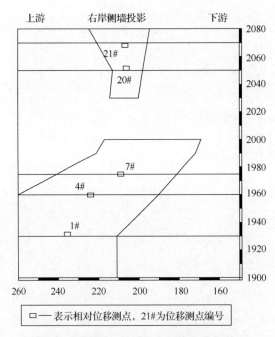

图 4.3.4 断层 f4 内部相对变位测点布置图

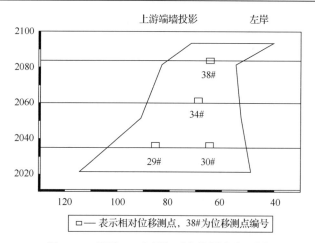

图 4.3.5　裂隙 L2 内部相对变位测点布置图

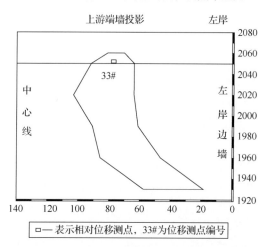

图 4.3.6　裂隙 L1 内部相对变位测点布置图

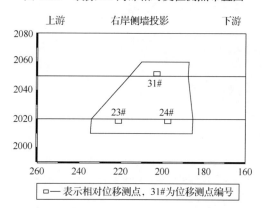

图 4.3.7　裂隙 Lp285 内部相对变位测点布置图

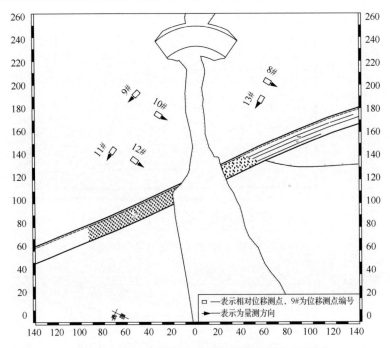

图 4.3.8　层间剪切带 f₁ 内部相对变位测点布置图

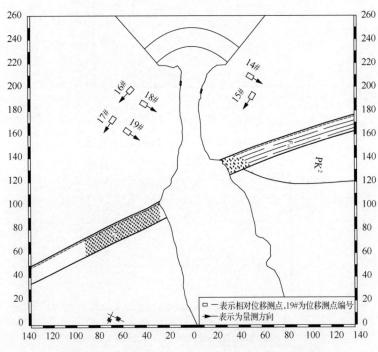

图 4.3.9　层间剪切带 f₂ 内部相对变位测点布置图

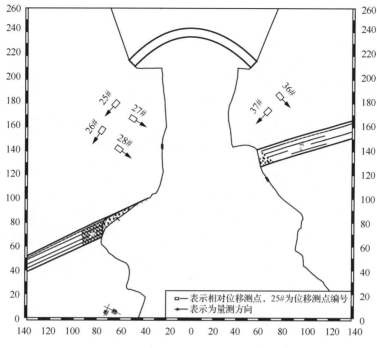

图 4.3.10　层间剪切带 ƒ3 内部相对变位测点布置图

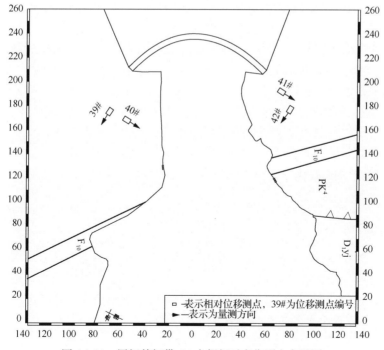

图 4.3.11　层间剪切带 ƒ4 内部相对变位测点布置图

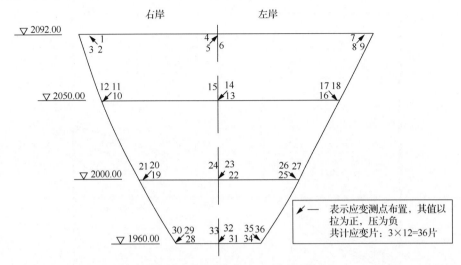

图 4.3.12　下游坝面应变测点布置图

4.3.2　模型试验方法及加载系统

1. 模型荷载及其组合

立洲拱坝承受的主要荷载有水压力、淤沙压力、坝体自重、渗透压力、温度荷载、地震荷载等。鉴于本次为三维地质力学静力模型，且渗透压力模拟技术在国内外尚未突破等因素，因此，本项目试验主要考虑水压力、淤沙压力、自重及温度荷载，未考虑渗流场及扬压力、地震荷载的影响。在所考虑荷载中，水压力以上游正常蓄水位▽2088m 计，相应下游水位▽1985m；淤沙压力按淤沙高程▽1985.21m 计，淤沙容重 8.2KN/m³，内摩擦角 18°；自重以坝体材料与原型材料容重相等来实现；考虑对坝肩稳定最不利的是温升荷载，故温度荷载按温升计，但因在模型试验难以准确模拟温度场，故温度荷载按温度当量荷载近似模拟。综上可知，试验采用的荷载组合为正常工况下的上下游水压力＋淤沙压力＋自重＋温升。

2. 坝体荷载分层分块

地质力学模型试验常见的加压方式有液压、气压和小型千斤顶加载，其中，以小型油压千斤顶加载最为常见，立洲拱坝三维地质力学模型试验即是采用油压千斤顶进行加载，所用千斤顶数量与规格由荷载分布及分块计算确定。油压千斤顶用 WY－300/Ⅷ型 8 通道自控油压稳压装置供压，见第 8 章照片 8.4。

坝体的荷载设计是综合考虑所受到荷载的分布形态、荷载大小、坝体高度及试验采用的千斤顶规格与油压的出力等因素，设计安装传压板，通过传压板将荷载均匀的加载在坝体上。

立洲拱坝荷载分层分块设计为：沿坝高方向将荷载分为 4 层，沿水平方向在保证每层油压千斤顶的供油压相等的前提下，根据各层荷载大小、拱弧长度及千斤顶出力进行分块，确定各千斤顶的规格和油压；全拱坝荷载分块为 13 块，分别由 13 支不同吨位的油压千斤顶进行加载，算出每个分块的尺寸及重心位置，将重心位置作为千斤顶的作用点，由 4 个油压通道分层加压控制，再通过传压系统将荷载施加在上游坝面上，模型坝体上游坝面荷载分块及编号详见图 4.3.13，千斤顶加载及传压系统如第 8 章照片 8.6 所示。

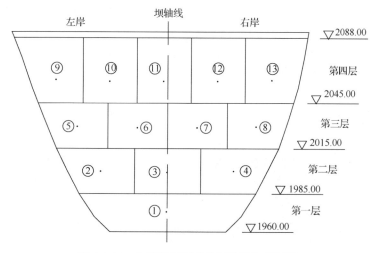

图 4.3.13　上游坝面荷载分层分块与编号图

3. 试验方法及试验程序选定

结合立洲拱坝坝址区的地质特征和实际情况，本次试验对立洲拱坝采用超载法进行破坏试验。通过试验获得坝与地基的变位特征、破坏过程、破坏形态和破坏机理，揭示在天然地基条件下，影响坝与地基整体稳定的薄弱环节，为地基加固处理方案的确定提供科学依据。

具体的试验过程是：首先对模型进行预压，然后逐步加载至一倍正常荷载，测试在正常工况下坝与地基的工作性态，在此基础上按每级荷载以 $0.2\sim0.3P_0$(P_0 为正常工况下的水荷载)步长增长进行超载，分别测试坝与地基在各超载阶段的变形和破坏情况，直至坝与地基发生大变形，出现整体失稳趋势，至此停止加载。试验中，记录各级荷载下的测试数据，观测坝与地基的变形特征、破坏过程和破坏形态。

4.4　试验成果及分析

　　试验采用超载法进行破坏试验,在加载至正常荷载的基础上,对上游水荷载分级进行超载,直至坝与地基发生破坏,出现整体失稳趋势为止。在试验中观测各级荷载下拱坝、坝肩(坝基)岩体及各软弱结构面的变形及破坏过程,获得了以下主要试验成果。

　　(1)坝体下游面四个典型高程表面变位测点的位移 δ 分布及随超载系数 K_p 增加的变化发展过程图,即 $\delta\text{–}K_p$ 关系曲线。详见第 8 章图 8.1.1～图 8.1.18。

　　(2)坝体下游面四个典型高程应变测点的应变 μ_ε 分布及随超载系数 K_p 增加的变化发展过程图,即 $\mu_\varepsilon\text{–}K_p$ 关系曲线。详见第 8 章图 8.2.1～图 8.2.9。

　　(3)两坝肩及抗力体表面变位测点的位移 δ 分布及随超载系数 K_p 增加的变化发展过程图,即 $\delta\text{–}K_p$ 关系曲线。详见第 8 章图 8.3.1～图 8.3.18。

　　(4)坝肩、坝基岩体内各软弱结构面的内部变位测点的相对位移 $\Delta\delta$ 分布及随超载系数 K_p 增加的变化发展过程图,即 $\Delta\delta\text{–}K_p$ 关系曲线。详见第 8 章图 8.4.1～图 8.4.14。

　　(5)模型坝体、坝肩的变形失稳破坏过程记录及模型坝肩最终破坏形态。见第 8 章照片 8.7～照片 8.15。

　　根据上述五个方面的试验结果,尤其是通过分析各种关系曲线的超载特征,如曲线的波动、拐点、增长幅度、转向等特征,可以综合分析出各超载阶段的破坏过程及超载安全系数。

4.4.1　坝体变位分布特征

　　在坝体下游面四个典型高程(▽2092m、▽2050m、▽2000m、▽1960m)共设置了 19 支表面位移计,分别量测坝体的径向、切向和竖向变位,测点布置见图 4.3.1,并获得各测点的位移值与超载系数关系曲线,如第 8 章图 8.1.1～图 8.1.18 所示,以监测坝体的变位发展过程,为分析坝肩稳定安全度提供依据。位移单位为 mm,径向变位以向下游为正,切向变位以向左岸为正,竖向变位以上抬为正。坝体各典型高程的变位分布总体规律如下。

　　(1)坝体变位总体分布特征。坝体上部变位大于下部变位,拱冠变位大于拱端变位,径向变位大于切向变位,符合常规。在正常工况下,坝体变位对称性较好;在超载阶段,随超载系数的增加,左半拱变位逐渐大于右半拱变位,尤其是左半拱中上部变位较大。这种变位特征与左坝肩中上部抗力体内分布有相互切割的断层 f5、裂隙密集带 L1、L2 与长大裂隙 Lp285 有关。

(2)坝体径向变位特征。正常工况下,坝体径向变位呈现出左右基本对称的特点,且向下游变位,最大径向变位发生在2092m 高程坝顶拱冠处,值为 21.5mm(原型值)。在超载阶段,坝体上部径向变位基本对称,见第 8 章图 8.1.1;坝体中部及下部在超载系数 K_p ≤4.0 以内,坝体径向变位基本趋于对称,在 K_p >4.0 以后,左拱端变位逐步增大,尤其是在 K_p ≥5.0 以后,左拱端变位明显增大,最终坝体径向变位呈现出左右不对称现象,左拱端变位明显大于右拱端变位,在平面内出现顺时针方向的转动变位,见第 8 章图 8.1.1~图 8.1.3。这种变位特征主要是受左岸地质构造条件比较复杂、软弱结构面较多的影响。

(3)坝体切向变位特征。在正常工况下,坝体左右岸切向变位基本对称,总体向两岸山体内变位,变位值相对较小,其最大切向变位在 2092 m 高程坝顶拱端处,左拱端最大切向变位值为 3.9 mm(原型值),右拱端最大切向变位值为 5.9 mm(原型值)。在超载阶段,切向变位随超载系数的增加而逐渐增大,左右岸变位值基本对称,见第 8 章图 8.1.13~图 8.1.17。

(4)坝体竖向变位特征。从 2092 m 高程坝顶拱冠和拱端处的三个竖向变位测点的位移曲线来看(第 8 章图 8.1.18),坝体竖向变位总体较小,在正常工况下,坝体变位整体向下;在超载阶段后期,拱坝呈现上抬趋势。这种变位特征与岩层倾向和断层 f5 的走向有关。

(5)坝体变位与超载过程曲线主要特征。根据坝体变位随超载系数的变化发展过程图(第 8 章图 8.1.4~图 8.1.6、图 8.1.10~图 8.1.12),在正常工况下,即 K_p=1.0 时,坝体变位总体较小;在超载阶段,坝体变位随超载系数的增加而逐渐增大,在 K_p >2.2 以后,变位曲线整体发生一定波动,K_p >3.4~4.0 以后,坝体变位的变化幅度增大,位移增长速度加快,在 K_p =6.3~6.6 时,坝体出现大变形,呈现出变形失稳趋势。

4.4.2　坝体下游面典型高程应变分布特征

坝体下游面四个典型高程(▽2092m、▽2050m、▽2000m、▽1960m)共布置了 36 张电阻应变片,分别量测拱向(水平向)、梁向(竖直向)与剪切向(45°方向)应变(测点布置见图 4.3.12),测得的 $\mu\varepsilon$–K_p 关系曲线如第 8 章图 8.2.1~图 8.2.9 所示。应变以拉为正、压为负,由于受坝体材料非线性特性的限制,坝体应变值不能换算成坝体应力,但可作为判定安全系数的一个依据,通过分析应变曲线的波动、拐点、增长幅度、转向等超载特征,得到不同超载阶段的破坏过程和安全系数。

由应变与超载系数的关系曲线图可见,坝体下游面的应变符合常规,坝体下游面主要受压,在坝顶 2092m 高程与中下部 2000m 高程拱冠处的个别测点(如 4#、

23#测点）出现拉应变。其次，左半拱与右半拱的应变对称性较好，大部分应变测点的变化规律比较一致，可为判定安全系数提供充分依据。

根据应变与超载系数 μ_ε–K_p 关系曲线可以看出：在正常工况下，即 K_p=1.0 时，坝体应变总体较小；在超载阶段，坝体应变随超载系数的增加而逐渐增大，当 K_p=1.4～2.2 时，应变曲线出现一定的波动，曲线有微小的转折和拐点，表明此时拱坝上游坝踵附近出现初裂；当 K_p=3.4～4.3 时，坝体应变整体出现较大的波动，形成较大的拐点，应变的变化幅度显著增大，此时坝体左半拱发生开裂；此后，应变曲线进一步发展，陆续出现波动或转向，表明坝体裂缝不断扩展；当 K_p=6.3～6.6 时，坝体裂纹贯通至坝顶，坝体发生应力释放，逐渐失去承载能力。

4.4.3　坝肩及抗力体表面变位分布特征

在左右两岸坝肩及抗力体表面，主要沿层间剪切带 fj1～fj4 的出露处布置表面变位测点，每个测点双向量测，获得各测点的顺河向及横河向的变位情况。左岸变位测点布置在 A—A、B—B 两个断面上，右岸变位测点布置在 a—a、b—b、c—c 三个断面上，测点布置见图 4.3.2。同时，在断层 f5、F10 的出露表面、右坝肩卸荷裂隙 Lp4-x 在模型顶部边界层面的出露处布置表面变位测点，以获得断层及裂隙在出露处的表面变位情况。分别在左岸布置了 38 支、右岸布置了 48 支表面位移计，试验测试的坝肩及抗力体表面变位的成果见第 8 章图 8.3.1～图 8.3.18。规定方向：顺河向位移以向下游为正，向上游为负；横河向位移以向河心为正，向山里为负。

1. 左坝肩表面变位分布特征

左坝肩顺河向各测点总体呈现向下游的变位规律，只有下游远端靠近 F10 的局部测点有向上游变位的情况。位移值以靠近拱端的测点变位值最大，如左坝肩的 40#、46#、49#等测点的位移值相对较大，位移值的变化规律由拱端附近最大向下游逐步递减。横河向变位总体呈现向河谷的变位规律，少部分测点有向山里变位的情况。左坝肩变位沿高程方向的分布情况为：中上部高程变位值较大，尤其以坝肩中上部的 fj3 附近及 fj2、fj3 之间的岩体表面变位值最大，其次是坝肩上部的 fj4 附近的岩体表面变位值相对较大，见第 8 章图 8.3.1 和图 8.3.4。断层 f5 离拱端较近，其表面出露处测点的变位值相对较大，见第 8 章图 8.3.11 和图 8.3.12；断层 F10 远离拱端，其表面出露处测点的变位值较小，主要发生挤压变形，其变形远小于其他部位表面变位测点的位移值，见第 8 章图 8.3.13 和图 8.3.14。

2. 右坝肩表面变位分布特征

右坝肩顺河向各测点总体呈现向下游的变位规律，见第 8 章图 8.3.5～图 8.3.10，只有下游远端靠近 F10 的局部测点有向上游变位的情况。位移值以靠近拱端的测点变位值最大，如右坝肩的 26#、28#等测点的位移值相对较大，位移值的变化规律由拱端附近最大向下游逐步递减。横河向变位总体呈现向河谷的变位规律，只有局部测点在超载初期有向山里变位的情况。由于右坝肩抗力体较左岸完整，因而右岸变位小于左岸变位。右坝肩变位沿高程方向的分布情况为：上部高程变位值较大，尤其以坝肩上部的 fj3、fj4 附近的岩体表面变位值较大，右坝肩的卸荷裂隙 Lp4-x 在顶部 2150m 高程边界层面出露处的测点变位值较小；断层 F10 远离拱端，其表面出露处测点的变位值也较小，见第 8 章图 8.3.15～图 8.3.18。

3. 坝肩表面变位与超载过程曲线主要特征

根据各测点变位与超载关系曲线，大部分表面变位在超载过程中的变化规律具有相似性，其主要变形特征为：在正常工况下，即 K_p=1.0 时，左右坝肩及抗力体表面变位均较小，无异常现象；在 K_p>2.0 以后，大部分变位曲线陆续出现转折或拐点，随着荷载的增大，变位逐步增大，其中左岸变位的变化幅度较大，而右岸变位的变化幅度相对较小；在 K_p>4.0 以后，坝肩表面变位增长迅速，变位曲线的变化幅度加大，尤其是靠近拱端附近的测点和断层 f5 在左拱端附近出露处的测点变位增长较快，坝肩岩体出现较大的变形；当 K_p=6.3～6.6 时，岩体表面裂缝不断扩展并相互贯通，出现变形失稳趋势。

4.4.4　主要结构面相对变位分布特征

根据立洲拱坝坝肩(坝基)地质构造及断层、裂隙密集带、层间剪切带等主要软弱结构面的分布特征，本次地质力学模型重点模拟了断层 f4、f5，裂隙 L1、L2、Lp285，层间剪切带 fj1～fj4 等结构面，并在其中埋设了 42 个内部相对位移计，测得各结构面上的相对变位与超载系数关系曲线，如第 8 章图 8.4.1～图 8.4.14 所示。

1. 左坝肩结构面相对变位分布特征

左坝肩主要结构面包括：断层 f5、f4，裂隙裂隙 L1、L2、Lp285，层间剪切带 fj1～fj4 等结构面。断层 f5 倾向下游，在拱推力作用下结构面向下游发生相对错动，其相对变位值远大于其他结构面的相对变位，尤其是位于坝肩中部 2020m 高程至 2040m 高程变位较大，这是由于该部位发育有多条相互切割的裂隙 L1、L2、Lp285，岩体完整性较差，从而导致坝肩承载力较低、变位较大。f4 在左坝肩位于坝肩下部及坝基岩体内，结构面的相对变位较小，因而对左坝肩的变形和稳定影响相对较小。裂隙 Lp285、L2 在左坝肩中部抗力体内相互切割，使该部位坝肩抗力体完整性比较差，从而产生较大的相对变位，对左坝肩的变形和稳定的影响较大。裂隙 L1 位于左坝肩上游岩体内，沿结构面主要产生拉裂破坏，产生的相对错动变位较小。层间剪切带 fj2、fj3 之间及 fj3、fj4 附近的岩体表面变位较大，其相对变位曲线发生了较大的波动和拐点，在 fj3、fj4 出露处沿结构面有贯通性裂缝产生，以及在 fj2 与 fj3 之间的岩体表面有大量裂缝生成，因此 fj2、fj3、fj4 对左坝肩及抗力体的变形和稳定影响较大。

2. 右坝肩结构面相对变位分布特征

右坝肩主要结构面包括：断层 f4、卸荷裂隙 Lp4-x、层间剪切带 fj1～fj4 等结构面。f4 在右坝肩位于坝顶拱端下游边坡内，结构面的相对变位较大，其变位曲线出现拐点的时间也较早，因此，断层 f4 对右坝肩的变形和稳定影响较大，右坝肩卸荷裂隙 Lp4-x 虽然在模型边界出露处的表面变位值较小，在试验阶段没有发生破坏，但其发育在右坝肩断层 f4 附近，伴随着 f4 的滑动也会产生相应的变形，因此对坝肩的变形和稳定影响有一定影响。层间剪切带 fj3、fj4 附近的岩体变位值相对较大，其相对变位曲线发生了明显的波动或拐点，在 fj3 的出露处沿结构面有贯通性裂缝产生，以及在 fj3、fj4 附近的岩体表面出现多条裂缝，因此 fj3、fj4 对右坝肩及抗力体的变形和稳定影响较大。

3. 断层的变位与超载过程曲线特征

在正常工况下，即 K_p 为 1.0 时，各断层内部相对变位较小，随着荷载的增加，变位值逐渐增大；在超载阶段，坝肩部位的变位曲线在 K_p=3.4～4.3 时，大部分软弱结构面的相对变位发生明显的波动，产生大变形，此后测点变位的变化幅度明显增大，结构面产生较大的相对错动，出现不稳定的趋势。

4.5 模型破坏过程及破坏形态

4.5.1 模型破坏过程

坝肩及抗力体的破坏发展过程，主要根据试验现场观测记录、坝体表面变位 δ 与坝体应变 ε、坝肩及抗力体表面变位 δ、各主要结构面相对变位 $\Delta\delta$ 等资料综合得出。模型破坏全过程可以归纳为如下几个特点。

(1) 在正常工况下，即 K_p=1.0 时，大坝变位及应变正常，两坝肩岩体位移变化正常。

(2) 当超载系数 K_p=1.2～1.4 时，大坝应变及位移变化正常，两坝肩岩体表面位移逐步增大，变位及应变变幅小、变化正常，未见异常现象。

(3) 当超载系数 K_p=1.4～2.2 时，大坝应变及变位出现波动，但变幅较小，两坝肩部分测点变位曲线出现转折，表明在该阶段坝踵附近有初裂。

(4) 当超载系数 K_p=2.2～2.6 时，大坝表面应变及大坝与两坝肩抗力区岩体大部分测点变位继续增大，发展正常，左右拱肩槽上游侧出现微裂缝。

(5) 当超载系数 K_p=2.6～3.0 时，大坝表面应变及位移继续增大，但发展正常。两坝肩及抗力体裂缝逐渐增多：fj4、fj3、L2、L1、Lp285 在左坝肩上游出露处发生开裂，裂缝相互贯通，向下扩展至 2020 m 高程附近；右坝肩上游坝踵附近裂缝自 1990m 高程向上沿节理裂隙方向扩展至 2092m 高程，并与 fj3 相交。

(6) 当超载系数 K_p=3.0～3.4 时，坝体应变值继续增长；f_5 在左坝肩下游侧出露处发生开裂，左岸坝踵附近裂缝沿节理向下扩展至 1990m 高程，同时，坝顶拱肩槽上下游侧出现竖向裂缝，至此左岸坝踵附近裂缝自上到下贯通；右岸上游坝踵附近裂缝继续向上扩展至 2100m 高程，并与 fj4 相交，坝顶拱肩槽的下游侧出现竖向裂缝，并沿节理向下扩展。

(7) 当超载系数 K_p=3.4～4.3 时，坝体应变曲线出现较大波动，变化幅度显著增大，出现较大转折和拐点，此时左半拱下游坝面发生开裂，裂缝起裂于 2040 m 高程左拱端下游坝面，并向上延伸，这条裂缝的产生是由于该部位坝肩岩体内发育有多条相互交汇的软弱结构面，而在拱端造成应力集中所致。左坝肩的 f5 在出露处的裂缝沿结构面不断扩展、向上延伸与 fj3 相交；左坝肩下游侧的 fj3、fj4 在出露处开裂后，沿结构面向下游不断扩展。右坝肩下游侧的 fj3 在出露处开裂，并结构面向下游扩展，坝顶拱肩槽下游侧的裂缝继续向下扩展至 2050m 高程，并与 fj3 相交，上游坝踵附近的裂缝上下贯通。

(8) 当超载系数 K_p=4.3～5.0 时，坝体左半拱裂缝继续向上部延伸。两岸坝肩及抗力体裂缝继续发展，左坝肩下游 2050～2080m 高程附近，即 fj2～fj3 之间有大量沿节理方向发展的裂缝产生；在右坝肩下游 2050m 高程附近有多条沿节理方向发展的裂缝出现。

(9) 当超载系数 K_p=5.0～6.3 时，左半拱裂缝继续向上扩展，开裂至坝顶约 1/2 左弧长附近；右半拱在建基面附近出现一条裂缝，裂缝位于 f5 与坝体交汇的坝趾处，并逐渐向上扩展，扩展过程在应变曲线上有明显反映，见第 8 章图 8.2.1。两坝肩上、下游裂缝不断扩展、延伸，明显增多，fj3、fj4 之间出现多条竖向裂缝与两层间剪切带相互交汇。

(10) 当超载系数 K_p=6.3～6.6 时，左半拱裂缝由下游坝面贯通至上游坝面；右半拱裂缝向上扩展至 2043m 高程。两坝肩中上部岩体破坏严重，尤其是左坝肩下游侧 f5、fj3、fj4 在出露处的裂缝沿结构面贯通，以及 fj2～fj4 之间的岩体表面有大量裂缝生成，在右坝肩下游侧 fj3 出露处有沿结构面的贯通性裂缝产生，以及 fj3、fj4 附近的岩体表面有多条裂缝出现，两坝肩岩体表面裂缝相互交汇、贯通，拱坝与地基呈现出整体失稳趋势。

4.5.2　最终破坏形态及特征

1. 拱坝破坏形态及特征

拱坝坝体先后出现 2 条裂缝，最终破坏形态见图 4.5.1 及第 8 章照片 8.15。首先，左半拱在下游坝面 2040m 高程处发生开裂，裂缝最终扩展至左半拱坝顶约 1/2 弧长处，并由下游坝面贯穿至上游坝面。这条裂缝的产生主要是因为受左坝肩复杂地质条件的影响，f5、L2 与 Lp285 在该部位的坝肩内相互切割，并在拱肩槽附近出露，从而在拱端造成应力集中现象，导致坝体在该部位发生开裂，并最终向上扩展至坝顶、贯通上下游坝面。超载阶段后期，右半拱在建基面附近出现另一条裂缝，裂缝位于 f5 与坝体交汇的坝趾处，并逐渐向上发展至 2043m 高程，但未贯穿至上游坝面。这条裂缝的产生主要受断层 f5 上下盘相互错动影响所致。

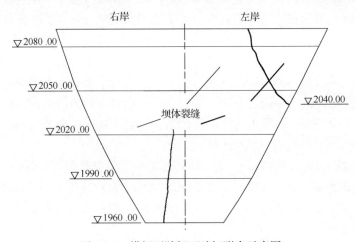

图 4.5.1　拱坝下游坝面破坏形态示意图

2. 左坝肩破坏形态及特征

左岸破坏范围较大，破坏程度较严重，最终破坏形态见图 4.5.2 及第 8 章照片 8.8、照片 8.9、照片 8.11，其主要破坏区域为：顺河向开裂破坏范围自坝顶拱端向下游延伸约 81m，坝肩中上部 2020～2110m 高程内岩体破坏严重，尤其是各结构面在出露处及附近岩体破坏严重。断层 f5 在出露处破坏严重，裂缝从 2050m 高程至 1990m 高程沿结构面完全贯通，并向上扩展至坝顶与层间剪切带 fj3、fj4 相交；层间剪切带 fj3、fj4 在出露处破坏严重，裂缝沿结构面自拱端向下游延伸约 75m，并向上游延伸约 40m；在 fj2～fj4 之间岩体表面有大量裂缝产生；拱坝上游侧，裂隙 L2、 Lp285 及 L1 在出露处拉裂破坏严重，裂缝沿结构面开裂、扩展并相互贯通，向下扩展至坝底，向上扩展至坝顶，并与 fj3、fj4 相交。

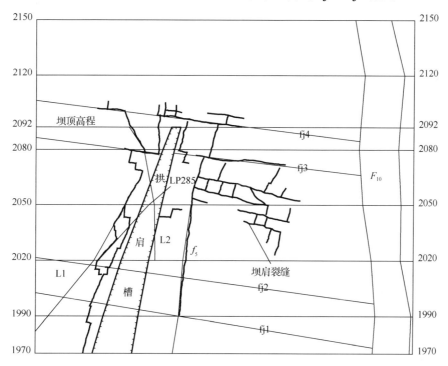

图 4.5.2　左坝肩岩体表面破坏形态示意图

3. 右坝肩破坏形态及特征

右岸破坏范围及破坏程度相对左岸较轻，最终破坏形态见图 4.5.3 及第 8 章照片 8.7、照片 8.10、照片 8.13，其破坏区域为：顺河向开裂破坏范围沿坝顶拱端向下游延伸约 57m，坝肩上部▽2050m 至▽2110m 范围内岩体破坏严重。层间剪切带 fj3 在出露处破坏严重，裂缝沿结构面自拱端向上游延伸约 32m，向下游延伸约 57m；fj4 在坝肩上游侧出露处开裂并向上延伸至▽2120m；在 fj3、fj4 附近的岩体表面有多条裂缝产生；拱坝上游坝踵附近有大量沿节理方向发展的裂缝产生，裂缝由坝底向上扩展至坝顶，并相互贯通。

4. 建基面破坏形态

拱坝建基面上游侧开裂破坏严重，最终破坏形态见图 4.5.2 和图 4.5.3，以及第 8 章照片 8.12～照片 8.14，坝踵附近的裂缝从左岸贯通至右岸；建基面下游侧破坏相对较轻，在左右坝肩层间剪切带 fj3、fj4 之间的坝趾附近发生开裂；在左半拱裂隙 L2 与坝体相交的坝趾附近，即左半拱裂缝起裂处的▽2040m 附近，沿岩体节理方向产生一条顺河向短小裂缝。

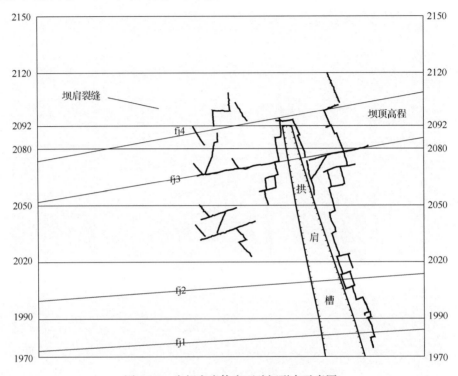

图 4.5.3　右坝肩岩体表面破坏形态示意图

4.6　拱坝与地基整体稳定安全度评价

立洲拱坝坝肩整体稳定安全度，主要根据各个试验阶段所得以下资料：①坝体下游面表面变位 $\delta - K_p$ 关系曲线；②坝体下游面应变测点 $\mu_\varepsilon - K_p$ 关系曲线；③两坝肩岩体表面位移 $\delta - K_p$ 关系曲线；④两坝肩及基岩中软弱结构面内部相对变位 $\Delta\delta - K_p$ 关系曲线；⑤试验现场的观测记录，以及分析得到的模型破坏过程及破坏机理。由上述五个方面的试验结果，尤其是根据各关系曲线的波动、拐点、增长幅度、转向等超载特征，可以综合分析出各超载阶段的超载安全系数：起裂超载安全系数 K_1、非线性变形超载安全系数 K_2、极限超载安全系数 K_3。

(1)起裂超载安全系数 K_1。$K_1=1.4\sim2.2$，此时上游坝踵附近出现初裂，坝体应变曲线、变位曲线相继出现波动，部分坝肩岩体的表面变位曲线出现转折和拐点。

(2) 非线性变形超载安全系数 K_2。K_2=3.4～4.3，此时左半拱下游坝面在 ∇2040m 处发生开裂，并向上逐渐扩展；坝体应变出现较大的波动，变化幅度显著增大，形成较大的拐点；大部分软弱结构面的相对变位发生明显的波动，产生大变形；坝肩岩体表面裂缝不断扩展、明显增多，各软弱结构面相继在出露处沿结构面发生开裂、延展。

(3) 极限超载安全系数 K_3。K_3=6.3～6.6，此时坝体左半拱的裂缝已扩展至坝顶，并且从下游坝面贯通至上游坝面，坝体出现应力释放；坝肩与坝基岩体的表面裂缝相互交汇、贯通，坝体、坝肩抗力体及软弱结构面出现变形不稳定状态，拱坝与地基逐渐失去承载能力，呈现出整体失稳的趋势。

综上所述，拱坝与地基整体稳定的超载安全系数为：起裂超载安全系数 K_1=1.4～2.2；非线性变形超载安全系数 K_2=3.4～4.3；极限超载安全系数 K_3=6.3～6.6。

第5章　光纤光栅监测在模型试验中应用研究

5.1　光纤传感器原理

光纤传感[141]是一种新兴的现代化传感技术，光传感以其独特的技术特点，飞速发展，特别是光纤传感技术，利用其质轻、径细、抗电磁干扰、抗腐蚀、集信息传感与传输于一体等特点，可以解决常规检测技术难以完全胜任的测量问题，被广泛应用于医学、生物、电力工业、化学、环境、军事和智能结构等领域。光纤传感器是根据光纤波导的传输特性会在外界参量（如物理量、化学量等）的作用下发生某种变化，而将这些变化制作成相应的器件、装置或系统就称为光纤传感器。

光纤传感器由光源、光纤、传感头、光探测器和信号处理电路等组成。其中，光源相当于一个信号源，负责信号的发射；光纤是信号传输介质；传感头感知外界信息，相当于调制器，而光波的调制是通过光纤本身或透镜与光纤组合的外部装置进行的；光探测器通过检测这些光学信号的变化，通过信号处理电路转换，就可以高精度地监测传感头周围材料中力学参量的变化，相当于解调器。

光纤传感器的工作原理：当来自光源的光波经光纤进入传感头受到外场作用（如周围材料的热、力学等参量的变化），导致描述光波光学性质的待测参量（如光强、波长、频率、相位、偏振态等）发生变化，从而成为被调制的信号光，再经过光探测器及信号处理系统获得外场的分布及强度。因此，在光纤通信技术中，人们千方百计避免光信号受外界因素的干扰，而在光纤传感技术中，却想方设法利用这一变化，增加传感器的灵敏性。

近年来，光纤传感技术在国内外土木工程监测中得到了突飞猛进的发展，在土木结构健康监测方面，光纤布拉格光栅（fiber bragg grating，FBG）、光时域反射（optical time domain reflectometer，OTDR）、布里渊光时域反射（Brillouin optical time domain reflectometer，BOTDR）和法布里 - 皮洛特干涉（Fabry-Perot interferometer, FPI）等传感技术得到广泛应用。1978 年，Hill 等制成了世界上第一根 FBG 以来，光纤光栅传感器正成为光纤传感研究领域的又一大热点[141]。由于其具有波长解码、体积小、易构成分布式结构、灵敏度高、耐腐蚀抗电磁干扰强等特点，FBG 已经成为一种重要的参量检测手段，近年来随着工程安全监测的不断发展，其在安全监测领域也得到了广泛应用。

5.2　光纤光栅传感器工作原理及发展现状

光纤布拉格光栅，简称光纤光栅。虽然光纤光栅从发明至今只有短短几十年的时间，但由于其传感灵敏度高、可靠性好等优点，得到了飞速的发展，是国际上应用较为广泛的光纤传感技术[142]。国内外学者都对光纤光栅的研究投入了大量的精力，各种基于光纤光栅传感技术的器件不断问世。近年来，很多专家学者对光纤光栅的传感特性进行了研究，并将光纤布拉格光栅传感器应用于航空航天、复合材料、土木工程、水利工程、医学等多种领域。

5.2.1　光纤光栅工作原理

光纤光栅的工作原理[143-146]是：在外场量作用下，光纤芯区折射率的扰动会对一小段光谱产生反射，当光波在光栅中传输时，相应频率的入射光被反射回来，其余频率的入射光谱则不受影响。一般光纤的材料为石英，由芯层和包层组成，如图 5.2.1(a)所示。通过调整芯层，使其折射率 n_1 比包层折射率 n_2 大，从而形成波导。光就可以在芯层中传播。当芯层折射率受到周期性调制后，即成为布拉格光栅。布拉格光栅会对入射的宽带光进行选择性反射，反射一个中心波长与芯层折射率调制相位相匹配的窄带光，其工作原理如图 5.2.1(b)所示。

当入射光进入光纤时，布拉格光栅会反射特定波长的光，该波长满足以下的特定条件：

$$\lambda_B = 2n_{\text{eff}}\Lambda \tag{5.2.1}$$

式中，λ_B 是反射光的中心波长，一般为 1510～1590nm(1nm=10^{-9}m)；n_{eff} 是光纤的有效折射率；Λ 是光纤光栅周期(折射率调制的空间周期)。

对式(5.2.1)两边微分得

$$\mathrm{d}\lambda_B = 2\Lambda\mathrm{d}n_{\text{eff}} + 2n_{\text{eff}}\mathrm{d}\Lambda \tag{5.2.2}$$

将式(5.2.2)两端分别除以式(5.2.1)得

$$\frac{\Delta\lambda_B}{\lambda_B} = \frac{\Delta n_{\text{eff}}}{n_{\text{eff}}} + \frac{\Delta\Lambda}{\Lambda} \tag{5.2.3}$$

式中，$\Delta\lambda_B$ 是中心波长的变化量。

当光栅周期的温度或者应力发生变化时，将导致光栅栅距周期及纤芯折射率的变化，从而使光纤布拉格光栅中心波长发生移动，通过检测布拉格波长移动的情况，如图 5.2.2 所示，即可以获得待测温度、应力的变化情况。

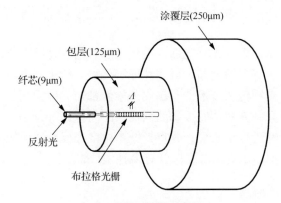

(a) 光纤光栅结构示意图

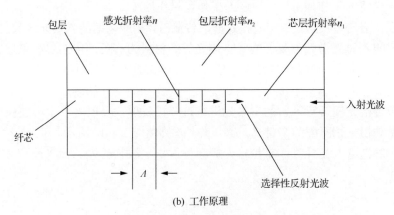

(b) 工作原理

图 5.2.1　光纤光栅的结构图

1. 温度对光纤光栅的作用

假定无应力条件下，光栅无应变，当温度变化 ΔT 时，由热膨胀效应引起的光栅周期的变化为

$$\Delta \Lambda = \alpha \cdot \Lambda \cdot \Delta T \tag{5.2.4}$$

式中，α 为光纤的热膨胀系数。

由热光效应引起的有效折射率的变化 n_{eff} 为

$$\Delta n_{\text{eff}} = \xi \cdot 2 n_{\text{eff}} \cdot \Delta T \tag{5.2.5}$$

式中，ξ 为光纤的热光系数，表示折射率随温度的变化率。

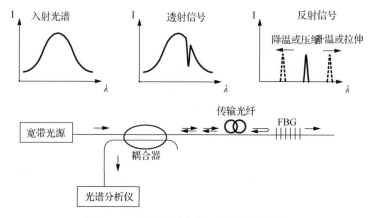

图 5.2.2 光纤光栅应变、温度传感机理

把式 (5.2.4) 和式 (5.2.5) 代入式 (5.2.3) 得

$$\frac{\Delta \lambda_B}{\lambda_B} = (\alpha + \xi) \cdot \Delta T = K_T \cdot \Delta T \tag{5.2.6}$$

式中，K_T 为布拉格光栅的温度系数。

2. 应变对光纤光栅的作用

当光栅所处的温度环境不变，却受到轴向应力作用而使产生轴向应变 s，则在垂直于轴的其他两个方向的应变为 $-\mu\varepsilon$，剪切应力为零。则光栅周期的改变为

$$\Delta \Lambda = \varepsilon \cdot \Lambda \tag{5.2.7}$$

由轴向应力引起的有效折射率的变化 n_{eff} 为

$$\Delta n_{\text{eff}} = n_{\text{eff}}^3 \varepsilon \left[\mu p_{11} - (1 - \mu) p_{12} \right] / 2 \tag{5.2.8}$$

定义光弹系数 p^{eff}：

$$p^{\text{eff}} = n_{\text{eff}}^2 \left[p_{12} - \mu (p_{12} + p_{11}) \right] / 2 \tag{5.2.9}$$

则

$$\frac{\Delta \lambda_B}{\lambda_B} = \frac{\Delta \Lambda}{\Lambda} + \frac{\Delta n_{\text{eff}}}{n_{\text{eff}}} = (1 - p^{\text{eff}}) \varepsilon \tag{5.2.10}$$

3. 应变和温度同时作用

当温度与应变同时发生变化时，忽略温度和应变之间的交叉敏感，则

$$\frac{\Delta \lambda_B}{\lambda_B} = \frac{\Delta \Lambda}{\Lambda} + \frac{\Delta n_{\text{eff}}}{n_{\text{eff}}} = (1 - p^{\text{eff}})\varepsilon + (\xi + \alpha)\Delta T \qquad (5.2.11)$$

式(5.2.11)可以改写成

$$\Delta \lambda_B = \Delta \lambda_B{}^{\varepsilon} + \Delta \lambda_B{}^{T} = c_\varepsilon \lambda_{B0} \Delta \varepsilon + c_T \lambda_{B0} \Delta T \qquad (5.2.12)$$

式中，$c_\varepsilon = 1 + p^{\text{eff}}$，$c_T = \alpha + \zeta$，$\lambda_{B0}$ 是不受外力和温度为 0℃时该光栅的初始中心波长，对于普通的石英光纤光栅而言，c_ε 和 c_T 大约为 $0.78 \times 10^{-6} \mu\varepsilon^{-1}$ 和 6.67×10^{-6}℃$^{-1}$。

为了准确测量物体的实际应变，光纤光栅的读数一般需要进行温度补偿。如果在同一温度场内再增设一个不受外力作用的光纤光栅并测其温度响应 $\Delta \lambda_B{}^{T}$，则真正的应变可以修正为

$$\varepsilon = \frac{\Delta \lambda_B - \Delta \lambda_B{}^{T}}{c_\varepsilon \lambda_{B0}} \qquad (5.2.13)$$

光纤光栅从发明至今的短短几十年的时间里，国内外学者都对此投入了大量的精力，而各个领域对传感器的不同需求，使得各种量测领域的光纤光栅传感器相继问世。根据上述工作原理，在所有引起光栅布拉格波长漂移的外界因素中，最直接的为应力、应变和温度等参量，因此，光纤光栅传感器的发展分为：应变传感器、温度传感器、压力传感器。

5.2.2　应变传感器及发展应用

光纤光栅应变传感器主要由光纤光栅敏感元件和弹性体元件两部分构成，而应变参量是引起光栅布拉格波长漂移的最直接的外界因素之一，因此当弹性体元件在被测物理量(如力、压强、扭矩、位移等)的作用下，产生与它成正比的应变，光纤光栅的波长会随之漂移，通过测量光纤光栅中心波长的变化就可以测得结构产生的应变。

由于光纤光栅应变传感器中光纤光栅的直径仅有 125μm，非常容易损坏，因此，除了在工作环境良好或者是待测结构要求传感器精小的情况，一般不直接使用，需要先对其进行封装，然后再应用于各种结构。目前，光纤光栅应变传感器的封装形式主要有 3 种，即基片式、嵌入式和两端夹持式。由于光纤光栅的封装

不可避免地会出现应变传递损耗[147]，因此，许多学者都对光纤光栅应变传感器的封装形式进行了改进。

任亮等[148]提出了两端夹持式的封装方式，使得传感器具有应变放大机制，并且可以通过改变封装工艺参数调节应变传递率。

何俊等[149]提出了一种调节光纤光栅应变增敏的设计方法，通过改变光纤光栅敏感部位的尺寸，使光纤光栅感知应变与传感标距范围内的实际应变产生差异，从而实现光纤光栅应变传递系数的增减。

5.2.3　温度传感器及发展应用

光纤光栅温度传感器同应变一样，也是根据温度对光纤光栅波长的直接影响来实现温度的监测，因此，在温度传感方面的研究也主要集中在如何提高温度分辨力上。人们常常直接将裸光纤光栅作为温度传感器使用[150]，而对其进行封装主要是为了起到保护和增敏作用，使光纤光栅温度传感器能够具有较强的机械强度和使用寿命，以及较高的响应灵敏度。

刘春桐等[151]提出了采用熔点较低的锡焊的方法，完成了光纤光栅的全金属封装，测得经封装后的光纤光栅的温度灵敏度是封装前的 3.3 倍，且有较好的重复性。

李阔等[152]提出了一种高温下高灵敏光纤光栅温度传感器的制作方法，即通过调节光纤光栅的预松长度以使其到需要测量的温度才开始被拉紧的方法，使得传感器在需要的高温下能有很高的灵敏度。

何伟等[153]提出了将光纤光栅封装于一种有机聚合物基底的方法，将光纤光栅温度传感器的灵敏度提高了 12.3 倍，温度灵敏度系数 K_T 达到 $82.69×10^{-6}℃^{-1}$。

5.2.4　压力传感器及发展应用

在现代工业生产过程中，压力是一个非常重要的参数，压力测量仪表在工业生产中有着广泛的应用，因此光纤光栅压力传感器的研制，也是目前研究的热点问题。但相对于应变、温度等物理量对光纤光栅反射光中心波长的影响，压力对光纤光栅的影响比较小。1993 年，Xu 等[154]研究发现，在 70MPa 的高压下光纤光栅的中心反射波长仅移动了 0.22nm，其灵敏度无法满足实际的测量需要，因此，人们提出了各种方法来提高光纤光栅的压力灵敏度。

罗建花等[155]提出了一种采用轮辐式压力盒装置的光纤光栅压力传感器，常温下在 0~30kN 的范围内，其测量线性度达到 99.91%，灵敏度达到 22N，且响应速度快。

胡志新等[156]提出利用双光纤光栅消除光纤光栅压力传感器中应力迟滞的方法，研究结果表明，压力调谐双峰波长差的灵敏度是压力调谐单峰波长灵敏度的 2 倍。

5.3　光纤光栅应变传感器在大坝模型试验中的监测研究

在地质力学模型试验中，试验量测的任务是通过模型试验获得所需的各种参量并将它们变为分析问题所依据的数据、图表或曲线等，而量测技术则是为了实现这一目的而制定的合理方案和具体手段。量测的物理量通常包括应力(实际上是量测应变)、荷载、位移、裂缝等，为了保证试验数据采集的完整性、准确性，在试验中，需要采用尽量多的测量手段，一次可以采集到尽量多的数据，针对地质力学模型试验中应变量测手段过于单一的情况，采用光纤光栅应变传感器在地质力学模型试验中应变监测的探索性研究是非常必要的。

本书利用光纤光栅应变传感器小巧、柔软、灵敏度高、抗电磁干扰等优点，特别设计制作了粘贴于拱坝坝体上的光纤光栅应变传感器，探讨此应用的可行性及监测数据的准确性。目前，光纤光栅应变传感器应用在高拱坝地质力学模型试验中的研究少有报道，因此，本书旨在探讨光纤光栅传感器应用于高拱坝地质力学模型试验中的坝体应力应变监测可行性，为光纤光栅传感器在地质力学模型试验中的广泛应用总结经验方法，推动地质力学模型试验量测技术向更快捷、更全面、更准确的方向发展。

5.3.1　应变传感器封装及布置

本次试验针对光纤光栅在地质力学模型中坝体应变监测的可行性进行研究，制备适用于立洲拱坝地质力学模型试验材料的光纤光栅应变传感器，以立洲拱坝地质力学模型试验超载法破坏试验为基础，在坝体上游建基面及顶拱圈周边铺设光纤光栅传感器，通过光纤光栅传感器对拱坝在超载作用下应力、应变分布及变化情况进行监控，并与传统监测方法位移计、电阻应变片得到的结果相互印证，论证光纤光栅传感器在地质力学模型试验中应用的可行性。

为了解决上述问题，需要制备适用于模型坝体材料的黏接剂，并对光纤光栅进行封装。虽然裸光纤光栅具有很好的传感特性，但是裸光纤光栅非常纤细，难以在恶劣环境下保存。在地质力学模型试验中，由于坝体材料特殊性，在粘接过程中会对光栅传感器造成损害，因此必须采取封装措施进行保护。光纤布拉格光栅温度传感器其封装形式如图 5.3.1、图 5.3.2 所示。采用直径规格分别为 1 mm 的细不锈钢管对光纤布拉格光栅进行封装。光纤布拉格光栅与细不锈钢管以及细不锈钢管之间均采用美国生产的环氧树脂固定。为了增加粘贴强度，光纤布拉格光栅要进行除油、敏化等预处理。同时，需处理细不锈钢管表面以保持其光洁。

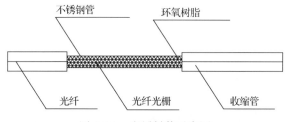

图 5.3.1　光纤封装示意图

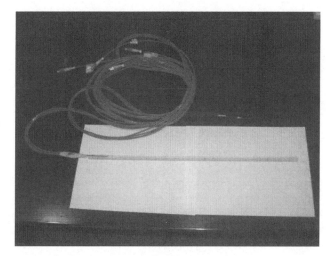

图 5.3.2　封装后光纤光栅

　　坝体应变传感器制备完成,沿坝体上游建基面及坝顶拱圈处布置 3 条分布式传感光纤,沿坝踵布置的光纤 C1 串联了 9 个光纤光栅应变传感器,在坝顶拱圈上布置两条分布式传感光纤 C2、C3,由于粘接损耗等原因,C2 串联 3 个光纤光栅传感器,C3 串联 6 个光纤光栅传感器,如图 5.3.3～图 5.3.6 所示。

5.3.2　光纤测试结果分析

　　由于受坝体材料非线性特性的限制,坝体应变值不能换算成坝体应力,但可作为判定安全系数的一个依据,通过分析应变曲线的波动、拐点、增长幅度、转向等超载特征,得到不同超载阶段的破坏过程和安全系数,如图 5.3.7 所示。

　　根据坝顶拱圈应变与超载系数 $\mu\varepsilon$-K_p 关系曲线(图 5.3.8)可以看出:在正常工况下,即 K_p=1.0 时,坝体应变总体较小,在超载阶段,坝体应变随超载系数的增加而逐渐增大,判定坝顶首先出现少量的压应变,坝顶中部较大,两侧较小,当 K_p=1.2～2.2 时,应变曲线出现一定的波动,曲线有转折和拐点,表明此时拱坝上游坝体表面有应力释放;当 K_p=3.6～4.8 时,坝体应变整体出现较大的波动,形成较大的拐点,应变的变化幅度显著增大,其中 C21 变幅最大,此时坝体

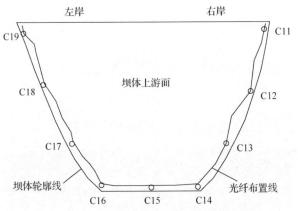

图 5.3.3 拱坝上游面光纤布置图

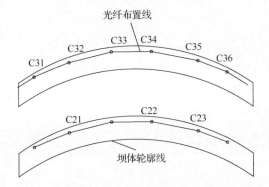

图 5.3.4 坝顶拱圈光纤布置图

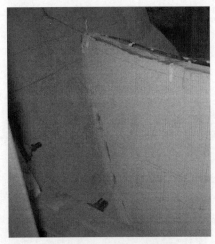

(a) 左拱端上游面光纤布置图   (b)右拱端上游面光纤布置图

图 5.3.5 拱坝上游面光纤布置图

图 5.3.6　顶拱圈光纤布置图

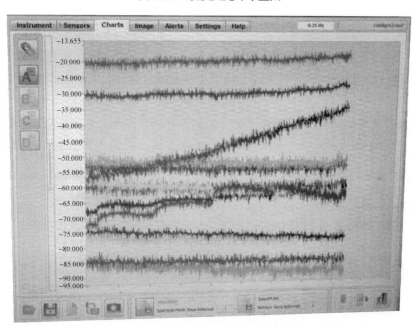

图 5.3.7　光纤光栅应变传感器监测数据

左半拱发生开裂，C21 所在位置与坝体裂缝发展方向相一致；此后，应变曲线进一步发展，陆续出现波动或转向，表明坝体裂缝不断扩展；当 K_p=5.6～6.6 时，应变曲线大幅度转向，坝体裂纹贯通至坝顶，坝体发生应力释放，逐渐失去承载能力。

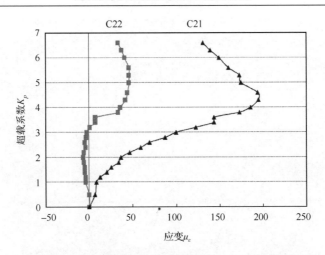

图 5.3.8　坝顶拱圈光纤光栅应变测点 μ_ε–K_p 关系曲线

　　根据左右拱端应变与超载系数 μ_ε–K_p 关系曲线可以看出：在正常工况下，即 K_p=1.0 时，左右拱端应变总体较小，在超载阶段，坝体应变随超载系数的增加而逐渐增大，左拱端变位大于右拱端；当 K_p=2.2～3.0 时，左拱端应变整体出现一定的波动，曲线有转折和拐点出现，表明左岸坝肩岩体受内部结构面影响发生较大的位移，其中坝踵附近的 C15 变幅最大，表明受 f5 影响上下两盘岩体已经开始发生相互错动；当 K_p=3.6～4.3 时，左拱端应变曲线 C18 出现较大的波动，形成较大的拐点，此时坝体左半拱发生开裂，C18 所在位置与坝体裂缝位置相一致；此后，应变曲线进一步发展，表明坝体裂缝不断扩展，直至坝体发生应力释放，逐渐失去承载能力。如图 5.3.9、图 5.3.10 所示。

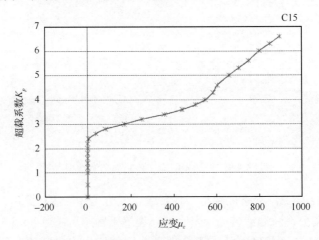

图 5.3.9　坝踵光纤光栅应变测点 μ_ε–K_p 关系曲线

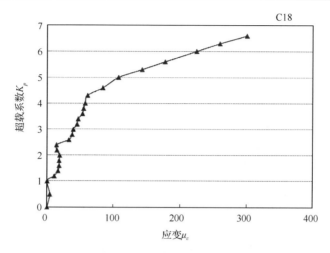

图 5.3.10　左坝肩光纤光栅应变测点 μ_ε-K_p 关系曲线

5.3.3　测试结果对比分析

电阻应变片测试结果显示：当 K_p=1.0 时，坝体应变总体较小；在超载阶段，坝体应变随超载系数的增加而逐渐增大，当 K_p=1.4～2.2 时，应变曲线出现一定的波动，曲线有微小的转折和拐点，表明此时拱坝上游坝踵附近出现初裂；在 K_p=3.4～4.3 时，坝体应变整体出现较大的波动，形成较大的拐点，应变的变化幅度显著增大；在 K_p=6.3～6.6 时，坝体裂纹贯通至坝顶，坝体发生应力释放，逐渐失去承载能力。

光纤光栅应变传感器结果显示：当 K_p=1.2～2.2 时，应变曲线出现一定的波动，曲线有转折和拐点，表明此时拱坝上游坝体表面有应力释放；K_p=3.6～4.8 时，坝体应变整体出现较大的波动，形成较大的拐点，应变的变化幅度显著增大，其中 C21 变幅最大，其所在位置与坝体左半拱发生开裂位置一致；当 K_p=5.6～6.6 时，应变曲线大幅度转向，表明坝体裂纹贯通至坝顶，坝体发生应力释放，逐渐失去承载能力。

根据光纤光栅应变传感器得到的应变分布情况及分析应变曲线的波动、拐点、增长幅度、转向等超载特征，得到的不同超载阶段的坝体破坏过程与模型观测结果基本吻合。如图 5.3.11 所示，C18 为光纤光栅应变传感器测得数据，17#为相对应位置上电阻应变片测得数据，由于两者埋设的位置不同，所得数据在应变范围及应变幅度上有所差异，光纤光栅测得应变在拱坝超载破坏过程监测到的变化趋势与电阻应变片测试结果基本一致。通过光纤传感器和电阻应变片对坝体和坝基的监测结果比较分析，可知两者在对应部位的监测结果较为一致，证明了光纤光栅传感器在三维地质力学模型试验中的应用是可行的。

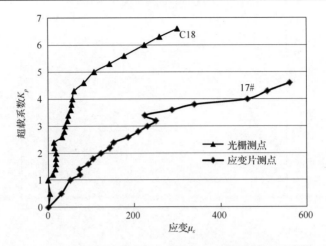

图 5.3.11　光纤光栅应变传感器与电阻应变片测得坝体应变趋势对比

第6章 典型块体抗滑稳定性分析

地质力学模型试验主要监测拱坝与坝基变形及失稳破坏过程，通常反映拱坝与地基系统整体稳定性和安全性，但随着坝基坝肩地质构造的复杂多变，坝肩岩体存在断层等软弱结构面相互切割构成的典型滑块，地质力学模型试验在研究坝肩坝基的整体稳定性的同时，还应分析典型滑块的稳定性，从而全面分析论证大坝的稳定安全性。因此，需要对复杂地质构造条件下坝肩局部滑动失稳问题进行深入研究，在总体把握坝区岩体结构特征的基础上，深入发掘控制拱坝坝肩抗滑稳定性和坝基变形稳定性等主要工程地质问题。本章结合立洲工程，根据坝肩结构面产状及组合形态，对立洲拱坝坝肩潜在典型滑移失稳问题进行分析，论证了坝肩典型块体的稳定安全性。

6.1 坝肩稳定影响因素及块体滑移模式

影响坝肩岩体稳定性的因素主要包括岩体结构方面的因素和受力条件方面的因素。前者主要集中表现在结构面的几何特性、力学特性两方面。几何特性最终归结为结构面的产出状态、延伸长度、宽度等；力学特性由结构面的性状、充填物、风化特征等决定，并结合岩体力学试验最终归结为结构面的抗剪强度参数的取值，坝肩块体的组成大致分为侧裂面、底滑面及临空面[157]。

(1)侧裂面对坝肩岩体稳定性的影响。根据刚体极限平衡理论，当坝肩岩体可能失稳时，侧裂面有可能将起到阻滑的作用，其阻滑力的大小主要取决于侧裂面的面积和侧裂面的综合抗剪强度以及作用在其上的正应力。

侧裂面对坝肩岩体稳定性的影响主要表现为以下几个方面：①产状。侧裂面的走向控制了典型块体的规模和阻滑面积，在可能滑移区间内，侧裂面面积越大，则典型块体的重量越大且阻滑面积越大，相应阻滑力也就越大，稳定性相对越高；侧裂面的倾向控制了侧裂面的受力状态，视其倾向山内或山外的不同，侧裂面将出现受拉或受压两种状态。②综合抗剪强度参数。黏聚力 c 代表了结构面在某一测线方向的贯通情况，侧裂面黏聚力 c 值的高低直接控制了裂隙中岩桥及结构面在抗滑稳定中所发挥的作用，黏聚力 c 值越高，则提供的抗力越大，反之则越小。

(2)底滑面对坝肩岩体稳定性的影响。底滑面是构成坝肩可能滑移块体的重要边界面，其对坝肩岩体稳定性的影响主要表现在：①产状。底滑面的倾向直接控制了坝肩岩体的稳定状态，在可能失稳的产状区间内随倾角的增大，一般说来其稳定性系数将越低；底滑面的规模越大，控制了典型块体的规模和阻滑面积越大，则典型块体的重量及阻滑面积越大，相应阻滑力也就越大，稳定性相对越高。②综合抗剪强度参数，底滑面主要由层间错动带构成，因此，其综合抗剪强度参数由各种工程类型的强度参数及其在整个底滑面中所占的比例决定。

综合以上分析，对于拱坝坝肩抗力体稳定性影响比较显著的因素是：①侧裂面的产状；②侧裂面的组合形式；③侧裂面综合抗剪强度；④底滑面的倾向；⑤底滑面综合抗剪强度。

根据上述滑裂面对坝肩岩体的影响，坝肩块体受侧裂面及底滑面的产状、组合形式等影响可能发生以下三种滑动模式[158]。

(1)大块体滑移模式是刚体极限平衡法中坝肩抗滑稳定性分析的基本模式，也是规范要求的计算拱坝坝肩抗滑稳定性模式，即假定坝肩典型块体在拱端合力的所用下，具有沿底滑面整体向下游滑出的潜在性，构成大块体的主要滑裂面包括：底滑面、侧裂面、拱端拉裂面和临空面(地形坡面)，如图 6.1.1 所示。

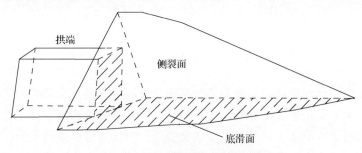

图 6.1.1　大块体滑移模式示意图

(2)阶梯状块体滑移模式是当坝肩存在多级层间或层内错动带时，坝肩典型块体有可能会在拱端合力的作用下，以不同高程、性状较差的层间或层内错动带为底滑面，典型块体作阶梯状滑出的破坏模式，如图 6.1.2 所示。

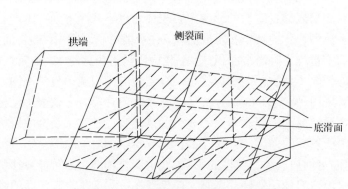

图 6.1.2　阶梯状块体滑移模式示意图

(3)抽屉状块体滑移模式是指坝肩典型块体夹持于两个近平行的层间或层内错动带之间，在拱端合力作用下，块体沿层间或层内错动带被推挤滑出而破坏的现象，即块体产生类似于"拉抽屉"的局部破坏模式，如图 6.1.3 所示。

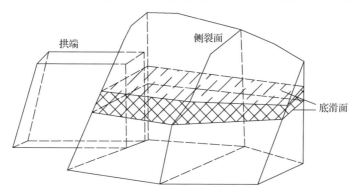

图 6.1.3　抽屉式块体滑移模式示意图

6.2　立洲拱坝坝肩典型块体滑移模式分析

本书结合立洲工程，对地质力学典型块体滑动稳定分析方法进行研究。在立洲拱坝地质力学模型试验坝肩砌筑过程中，由于坝肩岩体中发育有倾向河床的层面、层间剪切带，并发育有与拱推力方向平行的断层、优势裂隙组等，因此在对坝肩抗滑稳定进行分析时，运用块体滑移判定方法，预先判定在层间剪切带及其附近结构面共同作用下，可能发生滑移的典型岩石块体，在合理模拟不同的岩类分区、主要结构面力学参数的同时，通过小块体模型材料砌筑粘接成典型块体，并在可能产生滑裂的结构面内埋设量测系统，对滑裂面的产生及发展过程进行监测，并根据破坏过程及变形分布特性及最终破坏形态，确定典型滑移块体的安全系数，为工程局部加固提供理论依据。

前面已经对立洲工程坝肩地质构造进行了详细的描述，坝址区影响稳定的主要弱结构面为：f4、f5 断层、裂隙 L_1、L_2、Lp285、层间剪切带 fj1-fj4 及岩层层面。由于左右坝肩存在多级底滑面，并且发育有复杂的断层和长大裂隙作为侧裂面，因此，在拱端合力的作用下，有可能发生以性状较差的不同高程层间剪切带为潜在底滑面，坝肩块体作阶梯状滑出或抽屉式滑出。立洲工程设计单位——贵阳设计院通过刚体极限平衡法分析两坝肩滑动失稳模式[159]：左坝肩以（Ⅰ）组裂隙为上游脱开面，（Ⅲ）组裂隙或 Lp285 组裂隙为侧向切割面，以层间剪切面或层面为底滑面向 F_{10} 断层带剪切变形；右坝肩以第（Ⅱ）、（Ⅳ）组裂隙为侧向切割面，以层面或层间剪切面为底滑面向岸坡剪出。

　　针对上述地质构造特点以及设计院对坝肩滑动模式的分析,在模型砌筑过程中重点模拟坝肩坝基中各种主要地质构造的几何及力学特性,并分析了影响坝肩稳定的典型块体滑移模式。

　　(1)典型块体Ⅰ。左坝肩 fj2、fj3 及岩层层面为底滑面,f5、Lp285、(Ⅲ)组裂隙为侧裂面的滑动模式,滑移块体可能夹持于两个近水平层间或层内错动带之间(fj2、fj3)滑动。在拱端合力的作用下,侧裂面 f5、Lp285 发生错动,使块体沿 fj2、fj3 或之间层向向 F_{10} 断层带或岸坡临空面发生被推挤滑出或剪切变形的趋势,因此判断可能发生抽屉式滑动失稳,见图 6.2.1、图 6.2.2 及图 6.2.3 所示,图 6.2.1 中,图(a)为典型块体效果图,图(b)为典型块体侧裂面平切图。

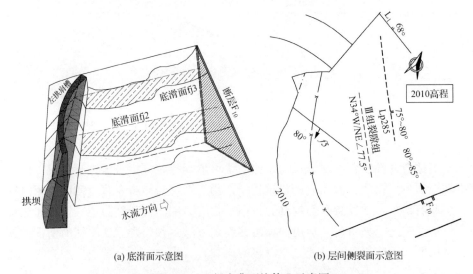

(a) 底滑面示意图　　　　　　　　　　　(b) 层间侧裂面示意图

图 6.2.1　左坝肩典型块体Ⅰ示意图

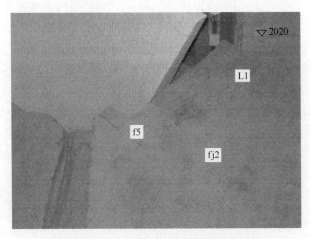

图 6.2.2　左岸滑动模式Ⅰ底滑面示意图

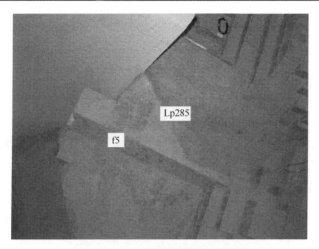

图 6.2.3　左岸滑动模式 Ⅰ 侧裂面

（2）典型块体 Ⅱ。左坝肩 fj3、fj4 或层面为底滑面，L2、Lp285、第Ⅲ组岸坡优势节理面为侧裂面的滑动模式，滑移块体可能夹持于两个近水平层间或层内错动带之间（fj3、fj4）滑动。在拱端合力的作用下，软弱结构面 L2、Lp285 为上游脱开面，第Ⅲ组岸坡优势节理面为侧裂面，滑移块体可能沿 fj3、fj4 及之间层面向 F_{10} 断层带或岸坡临空面发生被推挤滑出或剪切变形的趋势，因此判断可能发生抽屉式滑动失稳，见图 6.2.4 及图 6.2.5，图 6.2.4 中，图（a）为典型块体效果图，图（b）为典型块体侧裂面平切图。

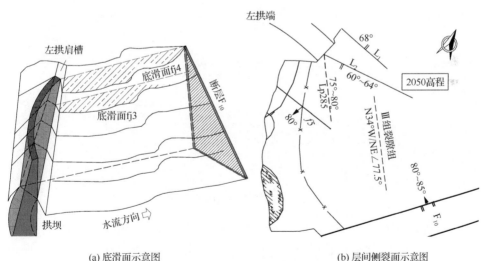

（a）底滑面示意图　　　　　　　　　　　　（b）层间侧裂面示意图

图 6.2.4　左坝肩典型块体 Ⅱ 示意图

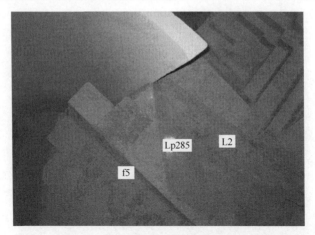

图 6.2.5 左岸典型块体Ⅱ侧裂面示意图

(3)典型块体Ⅲ。右坝肩 f4 为底滑面，fj3 或卸荷裂隙 Lp4-x 为侧裂面的滑动模式，由于其构成块体的边界具有底滑面(f4)、侧裂面(fj3、Lp4-x)和临空坡面，因此判断可能发生大块体滑动失稳，见图 6.2.6 及图 6.2.7，图 6.2.6 中，图(a)为典型块体效果图，图(b)为典型块体侧裂面平切图。

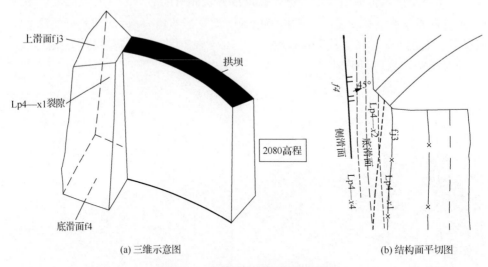

(a)三维示意图　　　　　　　　　　　　　(b)结构面平切图

图 6.2.6 右坝肩典型块体Ⅲ示意图

(4)典型块体Ⅳ。右坝肩 fj3、fj4 为底滑面，以第Ⅲ组裂隙为侧向切割面。由于坝肩存在多级底滑面，在拱端合力的作用下，有可能会出现以不同高程、性状较差的层间剪切带(fj3、fj4)为底滑面的阶梯状滑动模式或抽屉式滑动模式，见图 6.2.8 及图 6.2.9。

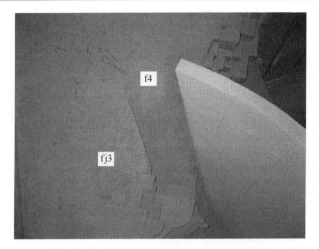

图 6.2.7　右坝肩典型块体Ⅲ底滑面示意图

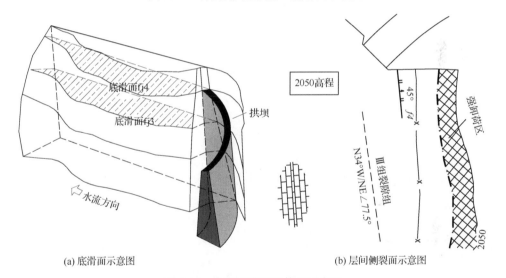

(a) 底滑面示意图　　　　　　　　　　　　　(b) 层间侧裂面示意图

图 6.2.8　右坝肩典型块体Ⅳ示意图

6.3　模型坝肩典型块体的滑动监测

在影响坝肩典型块体滑移的侧裂面及底滑面上，如断层 f5、f4、L2、Lp285，层间剪切带 fj2、fj3 等，在结构面上布置内部相对变位测点，以监测其沿结构面的相对错动，从而对典型块体滑移情况进行分析。结构面内部的相对变位 $\Delta\delta$ 量测采用 UCAM—70A 型万能数字测试装置带电阻应变式相对位移计进行监测。

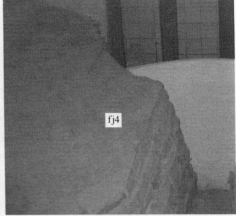

(a) 底滑面(下)fj3示意图   (b) 底滑面(上)fj4示意图

图 6.2.9   右坝肩典型块体Ⅳ底滑面示意图

内部相对位移计在典型滑移块体的侧裂面及底滑面上仍然按照结构面走向单向布置，以监测典型滑移块体在拱推力的作用下沿结构面的相对错动；在倾角较小的层间剪切带 fj2、fj3 上双向布置，即近横河向和近顺河向，以监测典型滑移块体沿层间剪切带向河谷方向和沿拱推力方向的相对错动。

在典型滑动块体表面布置了表面变位测点，每个测点双向量测，获得典型滑动块体在拱推力作用下的顺河向及横河向的变位情况。表面变位测点重点布置在影响块体滑动的软弱结构面出露处附近，如断层 f5、各层间剪切带及卸荷裂隙 Lp4-x，以监测其表面错动情况。测点布置情况及位移计编号详见图 4.3.3～图 4.3.11。

6.4   模型坝肩典型块体稳定分析及破坏形态

6.4.1   左坝肩抗滑稳定分析及破坏形态

左坝肩各滑裂面相对变位 $\Delta\delta$–K_p 关系曲线图见第 8 章图 8.4.1～图 8.4.14。

典型块体Ⅰ的底滑面 fj2 在 K_p=2.4～3.0 时，外部变位测点发生转折、变形增大，内部相对变位测点出现转折，尤其是 15#测点出现的转折较大，结构面发生向下游的顺河向滑动和向河谷的横河向滑动；底滑面 fj3 在 K_p=3.4～3.8 时，外部变位测点发生转折、变形增大，内部相对变位测点出现较大转折，结构面发生向下游的顺河向滑动和向河谷的横河向滑动；侧裂面 f5 在 K_p=3.0～3.6 时，结构面在拱推力作用下发生较大的相对错动，断层出露处的外部变位测点发生明显转折，内部相对变位测点均出现明显转折；侧裂面 Lp285 在 K_p=3.4～3.8 时，内部相对变位测点均出现较大转折，相对变形明显增大，结构面向下游发生滑动。根据上下底滑面相对变位分析以及侧裂面相对变位判定，典型块体 I 在 K_p=2.4～3.0 时，开始产生抽屉式滑动。

典型块体 II 底滑面 fj3 在 K_p=3.4～3.8 时，内部、外部变位测点发生转折、变形增大，底滑面 fj4 在 K_p=3.4～4.0 时，内部、外部变位测点发生转折、变形增大，结构面发生向下游的顺河向滑动和向河谷的横河向滑动；侧裂面 L2 在 K_p=3.0～3.6 时，内部相对变位测点出现转折，尤其是 29# 测点出现的转折较大，结构面向下游发生滑动；侧裂面 Lp285 在 K_p=3.4～3.8 时，内部相对变位明显增大，结构面向下游发生滑动。根据上下底滑面滑动分析以及侧裂面相对变位判定，典型块体 II 在 K_p=3.4～3.8 时，开始发生抽屉式滑动或阶梯状活动。

左坝肩两种滑移形式的典型块体表面破坏严重，其最终破坏形态见图 6.4.1，影响滑移块体的底滑面及侧裂面相互错动，块体表面裂缝相互贯通。其中，侧裂面 f5 在出露处破坏严重，裂缝从 2050m 高程至 1990m 高程沿结构面完全贯通，并向上扩展至坝顶与层间剪切带 fj3、fj4 相交；侧裂面 L2、Lp285 在出露处拉裂破坏严重，裂缝沿结构面开裂、扩展并相互贯通；底滑面 fj3、fj4 在出露处破坏严重，裂缝沿结构面自拱端向下游延伸约 75m；在 fj2～fj4 之间的岩层沿层面发生错动，岩体表面有大量裂缝产生，典型块体呈现出滑动趋势。

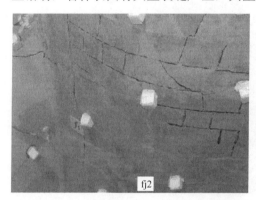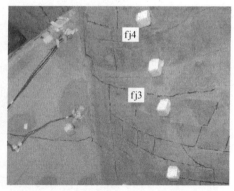

图 6.4.1　左岸滑移破坏情况

6.4.2　右坝肩抗滑稳定性分析及破坏形态

右坝肩各滑裂面相对变位 $\Delta\delta$–K_p 关系曲线图参见第 8 章图 8.4.1～图 8.4.14。

典型块体 III 在 K_p=2.4～3.0 时，外部变位测点发生转折变形增大，底滑面 f4 内部相对变位测点出现转折，结构面发生向下游的顺河向滑动和向河谷的横河向滑动；侧裂面 fj3 在 K_p=3.0～3.4 时，内部相对变位测点出现转折，产生较大的相对错动。伴随断层 f4 的滑动，在其附近发育的卸荷裂隙 Lp4-x 也会产生相应的滑动，影响坝肩稳定。根据底滑面滑动分析以及侧裂面相对变位判定，典型块体Ⅲ在 K_p=3.0～3.4 时，产生大块体滑动。

典型块体Ⅳ在 K_p=3.0～3.4 时，底滑面 fj3 内部相对变位测点出现转折，外部变位测点也发生转折，块体变形增大。在 K_p=4.0～4.3 时，底滑面 fj4 内部相对变位测点出现转折，附近的岩体变位值相对较大，其相对变位曲线发生了明显的波动或拐点。由于裂隙组的模拟比较复杂，因此没有布置相应的内部位移计，侧裂面的滑动过程没有监测，但是根据底滑面滑动分析以及临空面相对变位判定，典型块体Ⅳ在 K_p=3.0～3.4 时，产生阶梯状滑动或抽屉式滑动。

右坝肩在典型块体滑移模式影响下破坏范围及破坏程度相对左坝肩较轻，主要是由于侧裂面 f4 在右坝肩发育的规模较小，但在局部范围内，影响滑移块体的结构面的相互错动比较明显，块体表面裂缝相互贯通坝肩上部 2050～2110m 高程内岩体破坏严重。底滑面 fj3 在出露处破坏严重，有贯通性裂缝产生，裂缝沿结构面自拱端向下游延伸约 57m；在 fj3、fj4 附近的岩体表面有多条裂缝沿岩层层面产生，典型块体Ⅳ呈现出滑动趋势，其最终破坏形态见图 6.4.2。

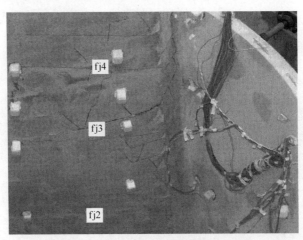

图 6.4.2　右坝肩滑移破坏情况

6.5　模型坝肩典型块体安全系数分析

典型块体滑动安全系数，主要根据不同试验阶段所得的三方面资料综合评定：一是典型块体滑移的侧裂面及底滑面内部相对变位测点的相对位移与超载系数的 $\Delta\delta{-}K_p$ 关系曲线；二是表面部位测点的位移与超载系数的 $\delta{-}K_p$ 关系曲线；三是试验现场的破坏形态观测记录。由上述三个方面的试验结果，尤其是根据各侧裂面及底滑面内部相对变位关系曲线的波动、拐点、增长幅度、转向等滑动失稳特征，作为判断典型块体安全系数的主要依据。

综上，左坝肩抗滑稳定以 fj2、fj3 或层面为底滑面，f5、Lp285 为侧裂面的滑动模式 I 最为危险，其次为 fj3、fj4 或层面为底滑面，L2、Lp285 为侧裂面的滑动模式 II；右坝肩抗滑稳定以 f4 为底滑面，fj3 或卸荷裂隙 Lp4-x 为侧裂面的滑动模式 III 最为危险，滑动模式 IV 次之。各滑动破裂面组合形成多个破坏块体，其结构面的力学指标表及安全系数见表 6.5.1。

表 6.5.1　破裂面的综合力学指标表及安全系数

部位	模式	破裂面		综合参数		超载安全系数 K_2	综合安全系数
				F'	c'/MPa		
左坝肩	模式 I	底滑面（下部）	fj2	0.65	0.08	2.4~3.0	2.4~3.0
		底滑面（上部）	fj3	0.45	0.03	3.4~3.8	
		侧裂面	f5	0.45	0.05	3.0~3.6	
		侧裂面	Lp285	0.65	0.06	3.4~3.8	
		侧裂面	III组裂隙	0.83	0.45	—	
	模式 II	底滑面（下部）	fj3	0.45	0.03	3.4~3.8	3.4~3.8
		底滑面（上部）	fj4	0.45	0.03	3.4~4.0	
		侧裂面	L2	0.65	0.06	3.0~3.6	
		侧裂面	Lp285	0.65	0.06	3.4~3.8	
右坝肩	模式 III	底滑面	f4	0.45	0.05	2.4~3.0	33.0~3.4
		侧裂面	fj3	0.45	0.03	3.0~3.4	
	模式 IV	底滑面	fj3	0.45	0.03	3.0~3.4	3.0~3.4
		底滑面	Fj4	0.45	0.03	4.0~4.3	
		侧裂面	III组裂隙	0.83	0.45	—	

贵阳设计院通过刚体极限平衡法分析得到滑动模式安全系数，左坝肩滑动模式 K=2.6~4.2，右坝肩滑动模式 K=3.0~4.5。计算成果与模型试验结论基本吻合，针对上述典型块体滑动模式安全系数分析，以及设计院提供的刚体极限平衡法分析得到滑动模式安全系数，总结影响左坝肩稳定的主要结构面是 f5、Lp285、L2、fj2、fj3、fj4，影响右坝肩稳定的主要结构面是 f4 及 Lp4-x、fj3、fj4。

6.6　滑裂面失稳判定区间

坝肩断层等软弱结构面相互切割构成典型滑块，在拱推力的作用下，内部裂缝的组合可能形成一条台阶状或锯齿状的贯通的不连续面，随结构面内部相对位

移 $\Delta\delta$ 增加将导致应力增长,当不规则的不连续面被磨平后,应力可能快速释放,结构面内部相对位移 $\Delta\delta$ 迅速增长,发生非线性大变形。因此,根据测得各典型块体滑裂面内各测点的相对变位与超载系数关系曲线的波动、拐点、增长幅度、转向等超载特征,可以在综合分析出滑裂面非线性变形超载安全系数 K_2 的同时,归纳总结滑裂面发生非线性变形的内部相对变位 $\Delta\delta$ 失稳临界值判定区间。坝肩典型块体底滑面、侧裂面的非线性超载安全系数及相应的内部变位 $\Delta\delta$ 区间见表 6.6.1、表 6.6.2。

表 6.6.1 底滑面相对变位超载特性

滑裂面	部位	非线性超载安全系数	$\Delta\delta/\text{mm}$
fj2	左岸	$K_2=2.4\sim3.0$	10~30
fj3	左岸	$K_2=3.4\sim3.8$	10~20
	右岸	$K_2=3.0\sim3.4$	8~20
fj4	左岸	$K_2=3.4\sim4.0$	10~50
	右岸	$K_2=4.0\sim4.3$	6~15
f4	右岸	$K_2=2.4\sim3.0$	20~28

表 6.6.2 侧裂面相对变位超载特性

滑裂面	部位	非线性超载安全系数	$\Delta\delta/\text{mm}$
f5	左岸	$K_2 = 3.0 \sim 3.6$	50 ~150
Lp285	左岸	$K_2 = 3.4 \sim 3.8$	20 ~45
L2	左岸	$K_2 = 3.0 \sim 3.6$	10 ~20

根据表 6.6.1 和表 6.6.2 所示滑裂面的非线性超载安全系数的分布情况,可分析得到立洲工程坝肩典型块体滑裂面非线性滑动失稳的统计规律。

典型块体侧裂面非线性超载安全系数 $K_2=3.0\sim3.4$,内部相对变位极 $\Delta\delta$ 一般在增长至 10~50mm 时,结构面开始发生非线性大变形,即侧裂面发生非线性大变形的相对变位临界值为 $\Delta\delta=10\sim50\text{mm}$。

典型块体底滑面非线性超载安全系数 $K_2=2.4\sim4.0$,内部相对变位值 $\Delta\delta$ 一般在增长至 6~20mm 时,结构面开始发生非线性大变形,即底滑面发生非线性大变形的相对变位临界值为 $\Delta\delta=6\sim20\text{mm}$。

通过上述总结可以发现,立洲坝肩典型块体的底滑面相较于侧裂面在拱推力的作用下更早发生破坏,并且其相对变位值 $\Delta\delta$ 较底滑面大,说明底滑面抗滑稳定性较侧裂面差,非线性变形对坝肩块体的影响更为严重,典型块体在拱推力的作用下,首先在底滑面发生非线性大变形,并最终导致典型块体的滑动产生。

第7章 结 论

本书采用地质力学模型试验方法，针对复杂岩基上高拱坝坝肩稳定问题，开展地质力学模型试验关键技术问题研究，并将研究成果应用于木里河上的立洲拱坝工程，针对立洲拱坝坝肩坝基整体稳定问题，开展三维地质力学模型试验研究，分析了坝肩稳定及破坏失稳机理，为工程设计、施工和加固处理提供了重要科学依据。本书研究工作与工程实际需要紧密结合，对所研究问题开展了深入而系统的研究，取得了以下创新性成果。

(1) 开展了模型岩体材料变形特性及结构面材料强度特性的相似模拟研究。建立了模型材料各组成成分如水泥、石蜡和机油与变形模量 E 的变化关系曲线，提出了不同变形模量的岩体材料采用不同尺寸的小块体进行精细化模拟的模型制作方法。提出了采用可熔性高分子软料夹不同塑料薄膜来模拟软弱结构面，并通过控制软料中可熔性高分子材料的含量，以及调整薄膜材料的组合形式，实现模型结构面抗剪强度 $\tau'_m (f'_m，c'_m)$ 的综合控制。根据上述研究成果，研制了满足立洲拱坝坝体及坝肩岩体、断层和优势裂隙带等力学指标的模型相似材料。

(2) 开展了光纤光栅应变传感技术在高拱坝三维地质力学模型试验中的应用研究。以立洲拱坝三维地质力学模型为试验基础，在坝体上游建基面及顶拱圈周边铺设光纤光栅应变传感器，得到坝体超载过程中的光纤测点的应变分布情况，通过对比分析光纤光栅应变传感器和传统监测方法对坝体和坝基的监测结果，表明两者在对应部位的监测结果基本一致，证明了光纤光栅应变传感器在三维地质力学模型试验应用中的可行性。

(3) 通过三维地质力学模型试验，对立洲拱坝坝与地基整体稳定问题进行研究。通过实验，获得了立洲拱坝超载法试验坝与地基整体稳定安全度：起裂超载安全系数 $K_1=1.4\sim2.2$，非线性变形超载安全系数 $K_2=3.4\sim4.3$，极限超载安全系数 $K_3=6.3\sim6.6$，得到了立洲拱坝坝肩及坝基的超载破坏过程、破坏形态及破坏机理，试验表明，两坝肩最终出现变形失稳破坏，且破坏形态不对称，左坝肩比右坝肩严重，这是由于左坝肩软弱结构面相对集中对坝肩变形和稳定的影响较大所致。影响左坝肩稳定的主要结构面是 f5、f4、Lp285、L2、fj2、fj3、fj4，影响右坝肩稳定的主要结构面是 f4 及 Lp4-x、fj3、fj4。破坏区域主要出现在坝肩岩体中上，尤其是各结构面在出露处及附近岩体破坏严重，建议工程上对坝肩破坏严重部位进行适当加固处理。

(4) 开展了典型滑移块体的失稳机理研究。针对立洲拱坝坝肩岩体被断层或裂隙相互切割形成不同规模的典型块体的特点，对坝肩潜在典型滑移失稳问题进行了初步分析，得到了四个典型块体及其潜在滑移模式，并在地质力学模型试验中有针对性的对四个典型块体的滑裂面进行监测，得到了四个典型块体抗滑稳定安全系数，论证了坝肩典型块体的稳定安全性。

第8章 附图及照片

8.1 坝体变位测试成果

本节图中，径向变位以向下游为正，切向变位以向左岸为正，竖向变位以上抬为正。

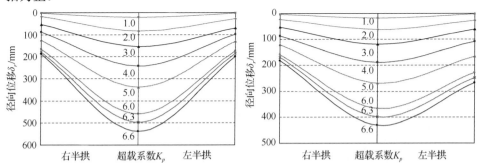

图 8.1.1 ▽2092m 拱圈下游面径向变位 δ_r 变化过程

图 8.1.2 ▽2050m 拱圈下游面径向变位 δ_r 变化过程

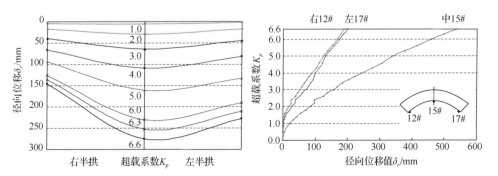

图 8.1.3 ▽2000m 拱圈下游面径向变位 δ_r 变化过程

图 8.1.4 ▽2092m 拱圈下游面径向变位 δ_r–K_p 关系曲线

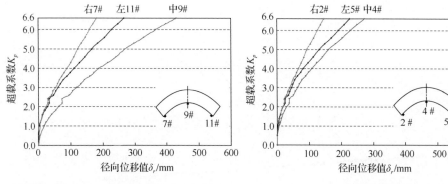

图 8.1.5　▽2050m 拱圈下游面径向变位 δ_r-K_p
关系曲线

图 8.1.6　▽2000m 拱圈下游面径向变位 δ_r-K_p
关系曲线

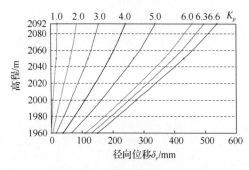

图 8.1.7　拱冠下游面径向变位 δ_r
分布曲线

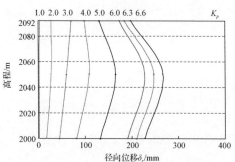

图 8.1.8　左拱端下游面径向变位 δ_r
分布曲线

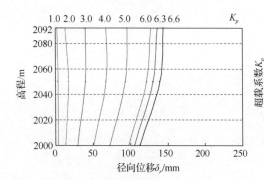

图 8.1.9　右拱端下游面径向变位 δ_r
分布曲线

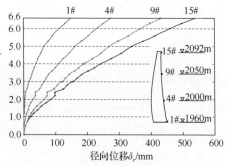

图 8.1.10　拱冠下游面径向变位 δ_r-K_p
关系曲线

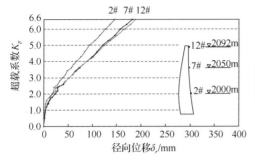

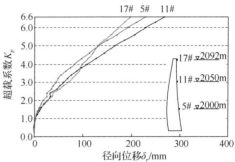

图 8.1.11　右拱端下游面径向变位 $\delta_r\text{-}K_p$
关系曲线

图 8.1.12　左拱端下游面径向变位 $\delta_r\text{-}K_p$
关系曲线

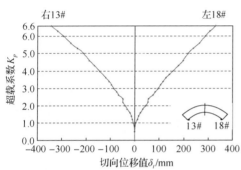

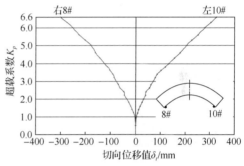

图 8.1.13　▽2092m 拱圈下游面切向变位
$\delta_t\text{-}K_p$ 关系曲线

图 8.1.14　▽2050m 拱圈下游面切向变位
$\delta_t\text{-}K_p$ 关系曲线

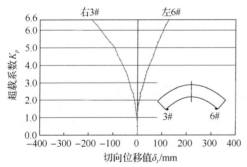

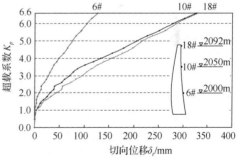

图 8.1.15　▽2000m 拱圈下游面切向变位
$\delta_t\text{-}K_p$ 关系曲线

图 8.1.16　左拱端下游面切向变位 $\delta_t\text{-}K_p$
关系曲线

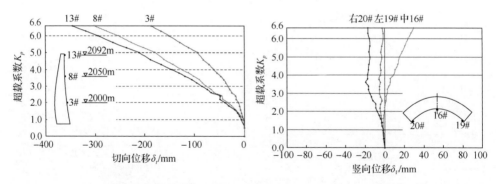

图 8.1.17　右拱端下游面切向变位 δ_t-K_p
　　　　　关系曲线

图 8.1.18　▽2092m 拱圈下游面竖向变位 δ_t-K_p
　　　　　关系曲线

8.2　坝体下游面应变

本节图中，应变单位为 μ_ε。应变以拉为正，压为负。

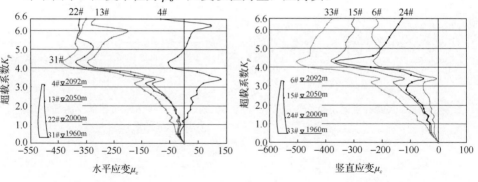

图 8.2.1　拱冠下游面水平应变 μ_ε-K_p
　　　　　关系曲线

图 8.2.2　拱冠下游面竖直应变 μ_ε-K_p
　　　　　关系曲线

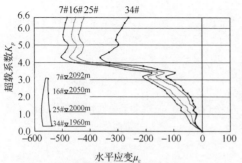
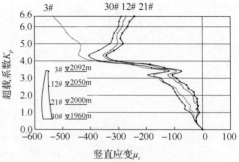

图 8.2.3　左岸拱端下游面水平应变 μ_ε-K_p
　　　　　关系曲线

图 8.2.4　左岸拱端下游面竖直应变 μ_ε-K_p
　　　　　关系曲线

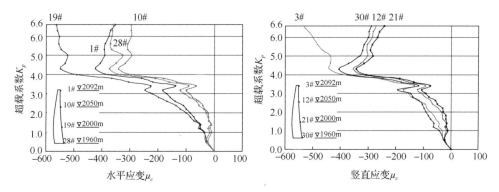

图 8.2.5　右岸拱端下游面水平应变 μ_ε-K_p　图 8.2.6　右岸拱端下游面竖直应变 μ_ε-K_p
　　　　　关系曲线　　　　　　　　　　　　　关系曲线

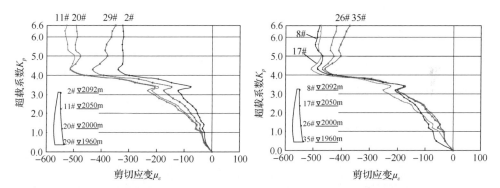

图 8.2.7　右岸拱端下游面 45°方向应变 μ_ε-K_p 关　图 8.2.8　左岸拱端下游面 45°方向应变 μ_ε-K_p
　　　　　系曲线　　　　　　　　　　　　　　　　　关系曲线

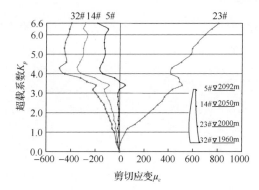

图 8.2.9　拱冠下游面 45°方向应变 μ_ε-K_p 关系曲线

8.3 坝肩及抗力体表面变位

本节图中，变位单位为 mm，顺河向变位以向下游为正，横河向变位以向河谷为正。

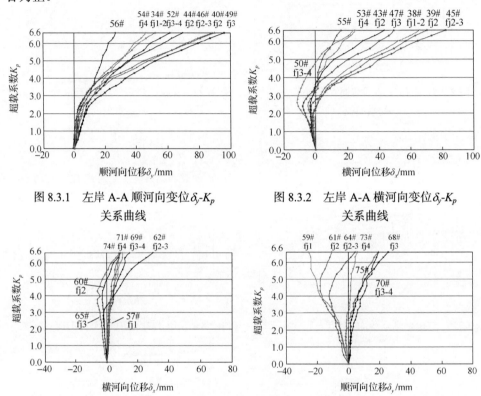

图 8.3.1 左岸 A-A 顺河向变位 δ_y-K_p
关系曲线

图 8.3.2 左岸 A-A 横河向变位 δ_y-K_p
关系曲线

图 8.3.3 左岸 B-B 横河向变位 δ_y-K_p 关系曲线　　图 8.3.4 左岸 B-B 顺河向变位 δ_y-K_p 关系曲线

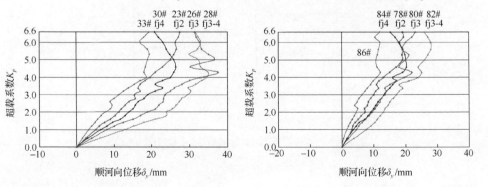

图 8.3.5 右岸 a-a 顺河向变位 δ_y-K_p 关系曲线　　图 8.3.6 右岸 a-a 横河向变位 δ_x-K_p 关系曲线

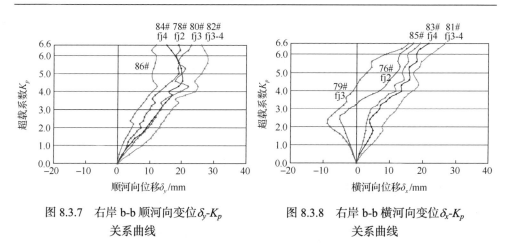

图 8.3.7　右岸 b-b 顺河向变位 δ_y-K_p
关系曲线

图 8.3.8　右岸 b-b 横河向变位 δ_x-K_p
关系曲线

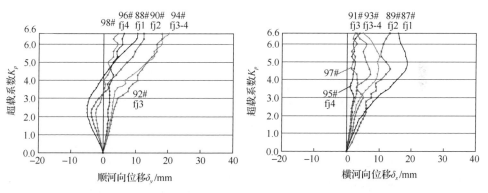

图 8.3.9　右岸 c-c 顺河向变位 δ_y-K_p
关系曲线

图 8.3.10　右岸 c-c 横河向变位 δ_x-K_p
关系曲线

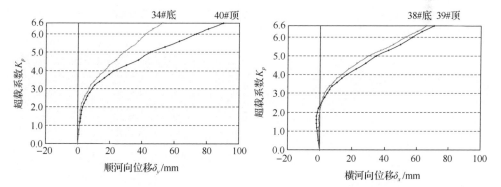

图 8.3.11　断层 f5 出露处顺河向变位 δ_y-K_p
关系曲线

图 8.3.12　断层 f5 出露处横河向变位 δ_x-K_p
关系曲线

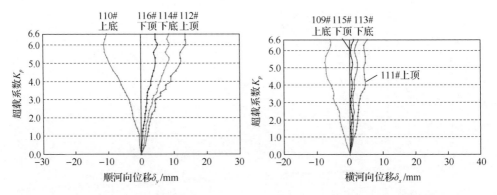

图 8.3.13　左岸断层 F10 出露处顺河向变位　　图 8.3.14　左岸断层 F10 出露处横河向变位
δ_y-K_p 关系曲线　　　　　　　　　　　δ_x-K_p 关系曲线

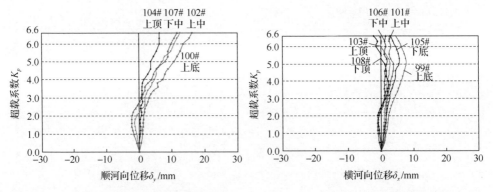

图 8.3.15　右岸断层 F10 出露处顺河向变位　　图 8.3.16　右岸断层 F10 出露处横河向变位
δ_y-K_p 关系曲线　　　　　　　　　　　δ_x-K_p 关系曲线

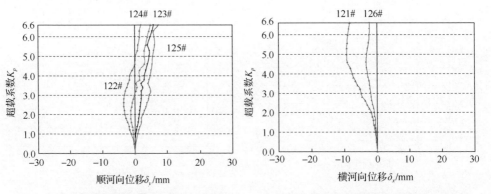

图 8.3.17　右岸卸荷裂隙 Lp4-x 出露处顺河向　　图 8.3.18　右岸卸荷裂隙 Lp4-x 出露处横河向
变位 δ_y-K_p 关系曲线　　　　　　　　　　变位 δ_x-K_p 关系曲线

8.4　坝肩及抗力体内部相对变位

本节图中，相对变位的单位为 mm，方向以断层上盘岩体向下滑为正。

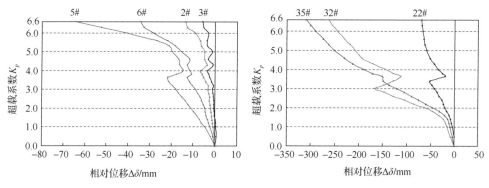

图 8.4.1　f5 坝基部位相对变位 $\Delta\delta$-K_p 关系曲线　　图 8.4.2　f5 坝肩部位相对变位 $\Delta\delta$-K_p 关系曲线

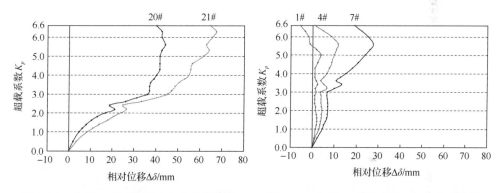

图 8.4.3　右岸 f4 相对变位 $\Delta\delta$-K_p 关系曲线　　　　图 8.4.4　左岸 f4 相对变位 $\Delta\delta$-K_p 关系曲线

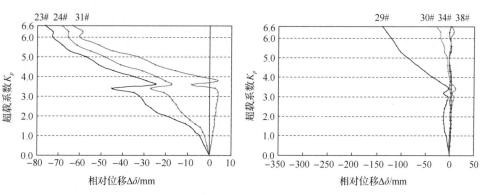

图 8.4.5　Lp285 相对变位 $\Delta\delta$-K_p 关系曲线　　　　图 8.4.6　L2 相对变位 $\Delta\delta$-K_p 关系曲线

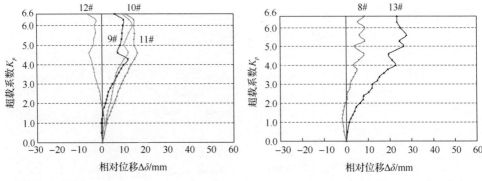

图 8.4.7　右岸 fj1 相对变位 $\Delta\delta\text{-}K_p$ 关系曲线　　图 8.4.8　左岸 fj1 相对变位 $\Delta\delta\text{-}K_p$ 关系曲线

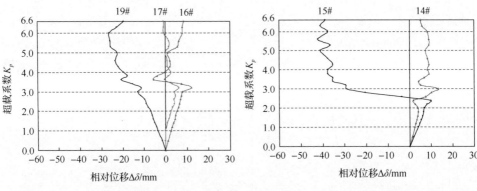

图 8.4.9　右岸 fj2 相对变位 $\Delta\delta\text{-}K_p$ 关系曲线　　图 8.4.10　左岸 fj2 相对变位 $\Delta\delta\text{-}K_p$ 关系曲线

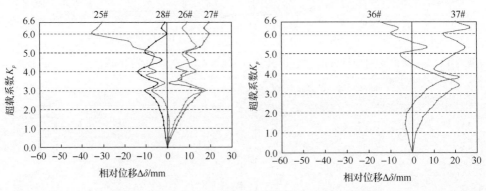

图 8.4.11　右岸 fj3 相对变位 $\Delta\delta\text{-}K_p$ 关系曲线　　图 8.4.12　左岸 fj3 相对变位 $\Delta\delta\text{-}K_p$ 关系曲线

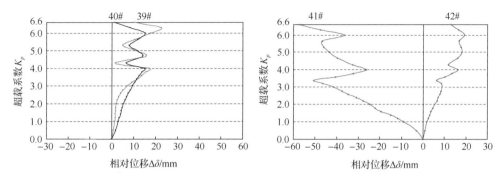

图 8.4.13　右岸 fj4 相对变位 $\Delta\delta\text{-}K_p$ 关系曲线　　　图 8.4.14　左岸 fj4 相对变位 $\Delta\delta\text{-}K_p$ 关系曲线

8.5　附　照　片

照片 8.1　SP-10A 型位移数显仪

照片 8.2　UCAM-70A 型多点万能数字测试装置

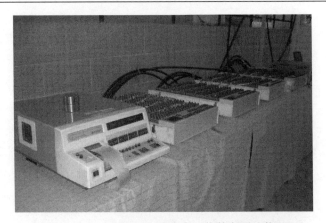

照片 8.3　UCAM-8BL 型多点万能数字测试装置

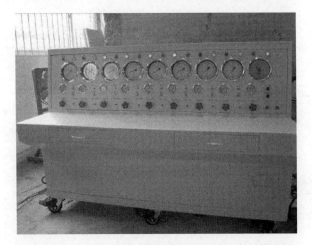

照片 8.4　WY-300/Ⅷ型 8 通道自控油压稳压装置

照片 8.5　模型表面变位量测系统

照片 8.6　坝体上游加载千斤顶及传压系统

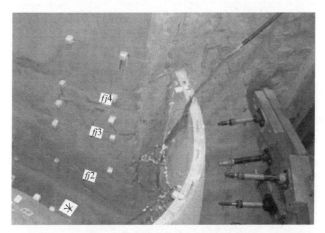

照片 8.7　右坝肩最终破坏形态

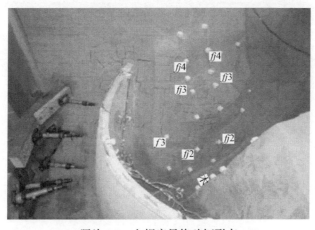

照片 8.8　左坝肩最终破坏形态

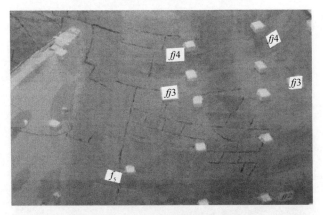

照片 8.9　左坝肩下游最终破坏形态

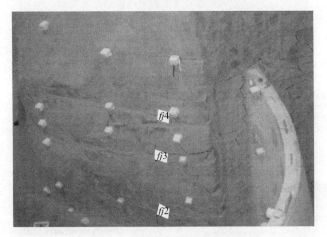

照片 8.10　右坝肩下游最终破坏形态

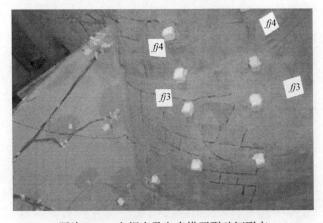

照片 8.11　左坝肩及左半拱开裂破坏形态

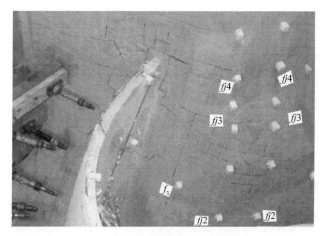

照片 8.12　左拱肩槽最终破坏形态

照片 8.13　右拱肩槽最终破坏形态

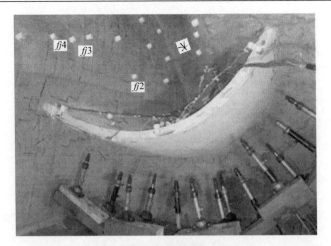

照片 8.14　上游坝踵破坏形态

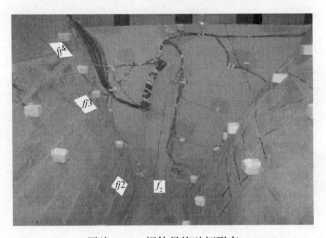

照片 8.15　坝体最终破坏形态

参 考 文 献

[1] 苑宝军，张玉文. 加快四川水电建设打造中国水电基地[J]. 水利科技与经济，2006，12(2)：118-120.

[2] 汪卫明，陈胜宏，杨红文，等. 小湾拱坝坝肩抗力岩体加固分析研究[J]. 武汉大学学报(工学版)，2005，38(2)：20-24.

[3] 周钟，巩满福. 锦屏一级水电站左坝肩边坡稳定性研究[J]. 岩石力学与工程学报，2006，25(11)：2298-2304.

[4] 李瓒，陈兴华，郑建波，等.混凝土拱坝设计[M].北京：中国电力出版社，2000.

[5] 黄润秋，王士天，胡卸文. 高拱坝坝基重大工程地质问题研究[M]. 成都：西南交通大学出版社，1996.

[6] 陈建叶. 锦屏一级高拱坝坝肩稳定三维地质力学模型破坏试验研究[D]. 成都：四川大学，2004.

[7] 祁生文，伍法权，庄华泽，等.小湾水电站坝基开挖岩体卸荷裂隙发育特征[J]. 岩石力学与工程学报，2008，27(1)：2907-2912.

[8] 张林. 溪洛渡高拱坝坝肩稳定三维地质力学模型试验研究[C]//第八次全国岩石力学与工程学术大会论文集.北京：科学出版社，2004.

[9] 中国水力发电工程学会.中国水力发电工程工程地质卷[M].北京:中国电力出版社，2000.

[10] Dams and Development[R].The report of the world commission on dams.London: Earthscan Publications Ltd., 2000.

[11] Gell K，Wittke K. A new design concept for arch dam taking into account seepage force[J]. Rock Mechanics and Rock Engineering，1986，19(4)：187-204.

[12] 李朝国，马衍泉，胡成秋. 岩体中软弱夹层力学特性试验模拟新技术研究[J]. 模型结构，1991，(5).

[13] 朱伯芳. 有限单元法原理与应用[M]. 北京：中国水利水电出版社，1998.

[14] Boulon M，Alachaher A. A new incrementally non linear constitutive law for finite element applications in geomechanics [J].Computers and Geotechnics，1995，17(2)：177-201.

[15] 向俐蓉，张建海，陆民安，等.百色水利枢纽右岸重力坝抗滑稳定研究[J]. 红水河，2003，22(1):14-18.

[16] 李启雄，苗琴生. 用有限元法计算重力坝应力时的控制标准[J]. 西北水电，1996，(4)：3-18.

[17] 简祥，何江达. 复杂地质条件下重力坝深层抗滑稳定非线性有限元研究[J]. 吉林水利，2006，(7):1-4.

[18] 陈胜宏，汪卫明. 小湾高拱坝坝踵开裂的有限单元法分析[J].水利学报，2003，(1):66-71.

[19] 杨强，吴浩，周维垣. 大坝有限元分析应力取值的研究[J].工程力学，2006，23(1)：69-72.

[20] 王均星. 重力坝的塑性极限分析法[J]. 水利学报，2004，(8)：81-84.

[21] 常晓林. 金安桥重力坝坝基稳定问题分析[J].水利水电技术，2005，(7)：26-28.

[22] Yu X，Zhou Y F，Peng S Z. Stability analyses of dam abutments by 3D elasto-plastic finite-element method: A case study of Houhe gravity-arch dam in China[J]. Rock Mechanics and Mining Sciences，2005，42(3)：415-430.

[23] 张国新，刘毅. 坝基稳定分析的有限元直接反力法[J]. 水力发电，2006，32(12)：30-32.

[24] Belytschko T ，Black T. Elastic crack growth in finite elements with minimal remeshing [J]. Numerical Methods in Engineering，1999，45：601-620.

[25] Ventura1 G，Budyn E，Belytschko T. Vector level sets for description of propagating cracks in finite elements[J]. Numerical Methods in Engineering，2003，58：1571-1592.

[26] 张建海，范景伟. 刚体弹簧元理论及应用[M]. 成都：成都科技大学出版社，1997.

[27] 卓家寿，赵宁. 不连续介质静、动力分析的刚体——弹簧元法[J]. 河海大学学报，1993，21(5)：34-43.

[28] 张建海，范景伟，何江达. 用刚体弹簧元法求解边坡、坝基动力安全系数[J]. 岩土力学与工程学报，1999，18(4)：387-391.

[29] Zhang J H，He J D，Fan J W. Static and dynamic stability assessment of rock slopes and dam foundations using rigid body-spring element method[J]. Rock Mechanics & Mining Sciences，2001，38(8)：1081-1090.

[30] 李世海，刘平萍，刘晓宇. 论滑坡稳定性分析方法[J]. 岩石力学与工程学报，2009，28(S2)：3309-3324.

[31] 于晓岩. 混凝土拱坝三维非线性有限元坝肩稳定分析及程序开发[D]. 南昌：南昌大学，2007.

[32] 刘兴业. 边界元法在危岩应力及变形分析中的应用及发展[J]. 岩土工程学报，1991，13(1)：75-83.

[33] Nakagiri S，Suzuki K，Hisada T. Stochastic boundary element method applied to stress analysis[C]. Proceedings of 5th International Conference on Boundary Elements，Hiroshima，1983.

[34] Ren Y J，Jiang A M，Ding H J. Stochastic boundary element method in elasticity[J]. Acta Mechanica Sinica，1993，9(4)：320-328.

[35] Igor K，Sunil S. Stochastic boundary elements in elastostatics[J]. Computer Methods in Applied Mechanics and Engineering，1993，109(3/4)：259-280.

[36] Gautam D. Stochastic finite and boundary elements[J]. Proceedings of Engineering Mechanics May，1992，(24- 27)：932- 935.

[37] Burczynski T，Skrzypczyk J. Theoretical and computational aspects of the stochastic boundary elementmethod[J]. Computer Methods in Applied Mechanics and Engineering，1999，168(1-4)：321-344.

[38] 朱合华，陈清军，扬林德.边界元法与其在岩土工程的应用[M].上海:同济大学出版社，1997.

[39] 王有成. 工程中的边界元方法[M]. 北京：中国水利水电出版社，1996.

[40] 朱先奎. 重力坝深层抗滑稳定的非线性边界元分析[J]. 武汉水利电力大学学报，1993，26(1)：121-126.

[41] 吴清高,张明,姚振汉. 混凝土重力坝边界元可靠度计算[J]. 重庆建筑大学学报，2000，22(6)：70-73.

[42] Shi G H，Goodman R E. Discontinuous deformation analysis[C]. In: Dowding C H，Sjngh M M eds. Proceedings of 25th U.S.Symposium on Rock Mechanics，Evanston，1984:261-277.

[43] Lin C T，Amadei B，Jung J，et al. Extension of discontinuous deformation analysis for jointed rock masses[J]. Rock Mechanics Mining Sciences Geomechanics，1996，33(7)：671-694.

[44] 张国新，金峰. 重力坝抗滑稳定分析中 DDA 与有限元方法的比较[J]. 水力发电学报，2004，2(1)：10-14.

[45] 陈兴华. 脆性材料结构模型试验[M]. 北京：水利电力出版社，1984.

[46] 李仲奎，徐千军，罗光福，等. 大型地下水电站厂房洞群三维地质力学模型试验[J]. 水利学报，2002，(5)：31-36.

[47] He X S，Zhang L，Chen Y，et al. Stability study on abutment of JinPing–I arch dam by geomechanical model test [C]. The Proceedings of 6th Conference. Physical Modeling in Geotechnics (ICPMG)，Hong Kong，2006：419-423.

[48] Liu X Q，Zhang L，Chen J Y，et al. Geomechanical model test study on stability of concrete arch dam[C]. Proceedings of the 4th International Conference on Dam Engineering, London：A. A. Balkema Publishers，2004：557-562.

[49] 袁大祥，朱子龙，朱乔生. 高边坡节理岩体地质力学模型试验研究[J]. 三峡大学学报(自然科学版)，2001，23(3)：193-197.

[50] 高大水，郭春茂. 地质力学模型试验在高边坡研究中的应用[J]. 长江科学院院报，1992，9(3)：65-71.

[51] Li Q S，Li Z N，Li G Q，et al. Experimental and numerical seismic investigations of the three gorges dam[J]. Engineering Structures，2005，27(4)：501-513.

[52] Sharma B. Model tests for slope tunnels in jointed rocks[J]. Rock Mechanics and Mining Science & Geomechanics，1977，14(2)：26.

[53] Zhang Q Y, Li S C, Guo X H. Research on 3D geomechanics model test for a large-scale offspur tunnel project[J]. Key Engineering Materials, 2006, 326-328: 557-560.

[54] 郭舜年. 二滩水电站导流隧洞围岩与支护系统的地质力学平面模型试验研究[J].水电站设计, 1997, 13(2): 95-98.

[55] Comparison of an elastoplastic quasi three-dimensional model for laterally loaded piles with field tests[C]. Proceedings of 3rd International Symposium on Numerical Models in Geomechanics, Niagara Falls, 1989: 675-682.

[56] Liu J, Feng X T, Ding X L. Stability assessment of the three-gorges dam foundation, China, using physical and numerical modeling——Part II: numerical modeling[J]. Rock Mechanics and Mining Sciences, 2003, 40(5): 633-652.

[57] 李仲奎, 卢达溶, 中山元, 等. 三维模型试验新技术及其在大型地下洞群研究中的应用[J]. 岩石力学与工程学报, 2003, 22(9): 1430-1436.

[58] Zhao Z Y, Ye Y, Tao Z Y. Surrounding rock stability of the underground dopenings[C].Proceedings of International. Symposium on Tunneling for Water Resources & Power Projects, NewDelhi, 1988: 225-228.

[59] Tetsuo N, Shogo K, Sun J. Behaviour of jointed rock masses around an underground opening under excavation using large scale physical model tests[C]. Proceedings of the Symposium on Rock Mechanics, Wuhan, 1996: 116-120.

[60] 张林, 马衍泉. 高边坡稳定三维地质力学模型试验研究[J]. 水电站设计, 1994, 10(3): 43-44.

[61] Roberts A. A model study of rock foundation problems underneath a concrete gravity dam [J]. Engineering Geology, 1966, 1(5): 349-372.

[62] Primus M, Naaim-Bouvet F, Naaim M, et al. Physical modeling of the interaction between mounds or deflecting dams and powder snow avalanches[J]. Cold Regions Science and Technology, 2004, 39(2): 257-267.

[63] 陈安敏, 顾欣, 顾雷雨, 等. 锚固边坡楔体稳定性地质力学模型试验研究[J]. 岩石力学与工程学报, 2006, 25(10): 2092-2101.

[64] 陈霞龄, 韩伯鲤, 梁艾读. 地下洞群围岩稳定的试验研究[J]. 武汉水利电力大学学报, 1994, 27(1): 17-23.

[65] 任伟中. 节理围岩特性及其锚固效应模型试验研究[J]. 中国地质大学学报, 1997, 22(6): 660-664.

[66] Nawrocki P A, Dusseault M B, Bratli R K. Use of uniaxial compression test results in stress modelling around openings in nonlinear geomaterials[J]. Petroleum Science and Engineering, 1998, 21(1/2): 79-94.

[67] Liu J, Feng X T, Ding X L, et al. Stability assessment of the three-gorges dam foundation, China, using physical and numerical modeling——Part I: physical model tests[J]. Rock Mechanics and Mining Sciences, 2003, 40(5): 609-631.

[68] 曾亚武, 赵震英. 地下洞室模型试验研究[J]. 岩石力学与工程学报, 2001, 20(增): 1745-1748.

[69] 周维垣, 杨若琼. 大坝整体稳定分析系统[J].岩石力学与工程学报, 1997, 16(5): 424-430.

[70] 周维垣, 杨若琼. 高拱坝整体稳定地质力学模型试验研究[J].水力发电学报, 2005, 24(1): 53-58.

[71] Buckingham E. On physically similar systems, illustrations of the use of dimensional equations[J]. Physical Review, 1914, (2): 345-376.

[72] 基尔皮契夫 M.B. 相似理论[M]. 沈自求 译. 北京：科学出版社, 1955.

[73] Proulx J, Paultre P. Experimental and numerical investigation of dam reservoir-foundation interaction for a large gravity dam[J]. Canada Journal of Civil Engineering, 1997, 24(1): 90-105.

[74] Murphy G. Similitude in Engineering[M]. New York: Ronald Press, 1950.

[75] 龚召熊, 陈进. 岩石力学模型试验及其在三峡工程中的应用与发展[M]. 北京：中国水利水电出版社, 1996.

[76] 李天斌. 三峡黄腊石滑坡深部变形、破裂带的模拟研究[J]. 成都理工学院学报, 1996, (4): 17-24.

[77] 任光明, 聂德新, 米德才. 软弱层带夹泥物理力学特征的仿真研究[J]. 工程地质学报, 1999, 7(1): 65-71.

[78] 赵震英. 洞群开挖围岩破坏过程试验[J]. 水利学报, 1995, (12): 24-28.

[79] 姜小兰, 操建国. 江口双曲拱坝整体稳定地质力学模型试验研究[J]. 人民长江, 2001, (3): 28-30.

[80] 姜小兰, 赖跃强, 岳登明, 等. 沟皮滩双曲拱坝三维地质力学模型试验研究[J]. 长江科学院院报, 1997, 14(3): 27-30.

[81] 姜小兰, 操建国, 孙绍文, 等. 沟皮滩双曲拱坝整体稳定地质力学模型试验研究[J]. 长江科学院院报, 2002, 19(6): 21-24.

[82] 陈国启, 沈根龙, 曹明, 等. 拱坝坝肩稳定性的地质力学模型试验研究[J]. 河海大学学报(自然科学版), 1981, (4): 50-58.

[83] 周维垣, 陈兴华, 杨若琼, 等. 高拱坝整体稳定地质力学模型试验研究[J]. 水利规划与设计, 2003, (1): 50-57.

[84] 张立勇, 张林, 李朝国, 等. 沙牌RCC拱坝坝肩稳定三维地质模型试验研究[J]. 水电站设计, 2003, 19(4): 20-23.

[85] 张林. 溪洛渡高拱坝坝肩稳定三维地质力学模型试验研究[C]. 第八次全国岩石力学与工程学术大会论文集, 北京: 科学出版社, 2004.

[86] 陈安敏, 顾金才, 沈俊. 地质力学模型试验技术应用研究[J]. 岩石力学与工程学报, 2004, 23(22): 3785-3788.

[87] Oberti G, Fumagalli E. Static-geomechanical model of the ridracoliarch-grabity dam[C]. 4th ISRM, 1978.

[88] 龚召熊, 郭春茂, 高大水. 地质力学模型材料试验研究[J]. 长江水利水电科学研究院院报, 1984, (1): 35-46.

[89] 孟衡. 岩土工程中的模型试验理论与误差分析[J]. 现代矿业, 2009, (2):63-66.

[90] 韩伯鲤, 陈霞龄, 宋一乐, 等. 岩体相似材料的研究[J]. 武汉水利电力大学学报, 1997, 30(2): 6-8.

[91] 王汉鹏, 李术才, 张强勇, 等. 新型地质力学模型试验相似材料的研制[J]. 岩石力学与工程学报, 2006, 25(9): 1842-1847.

[92] 王文静, 程秀芝, 张申.模型试验位移测量技术的研究[J].能源技术与管理, 2005, (3): 59-61.

[93] 李仲奎, 王爱民.微型多点位移计新型位移传递模式研究和误差分析[J].实验室研究与探索, 2005, 24(6): 14-17.

[94] 柴敬.岩体变形与破坏光纤传感测试基础研究[D]. 西安:西安科技大学, 2003.

[95] 康增云, 张林, 陈建叶, 等.光纤传感技术在沙牌碾压混凝土高拱坝结构模型随机裂缝检测中的应用[J].四川水力发电, 2005, 24(1): 66-68.

[96] Birkhoff G. A Study In Logic Fact and Similitude[M]. New Jersey: Princeton University Press, 1960.

[97] 基尔皮契夫 M B.相似理论[M]. 北京: 科学出版社, 1955.

[98] Buckingham E. On physically similar systems, illustrations of the use of dimensional equations[J]. Physical Review, 1914, (2): 345-376.

[99] 易刚, 龚代瑜. 试论结构模型设计中的相似理论[J]. 国外建材科技, 2004, 25(5): 38-39.

[100] 魏先祥, 赖远明. 相似方法的原理及应用[M]. 兰州: 兰州大学出版社, 2001.

[101] 袁文忠. 相似理论与静力学模型试验[M]. 成都: 西南交通大学出版社, 1998.

[102] 陈永生. 相似论并演三论[M]. 北京: 石油工业出版, 2003.

[103] 柴立和, 文东升, 彭晓峰. 相似理论的新视觉探索[J]. 自然杂志, 2000, (3): 168-170.

[104] 左东启. 相似理论20世纪的演进和21世纪的展望[J]. 水利水电科技进展, 1997, (2):10-15.

[105] 邱绪光. 实用相似理论[M]. 北京: 北京航空学院出版社, 1988.

[106] 李之光. 相似与模化(理论及应用)[M]. 北京: 国防工业出版社, 1982.

[107] 宋彧, 张贵文, 党星海. 相似理论内容的扩充与分析[J]. 兰州理工大学学报, 2004, 30(5): 123-125.

[108] 魏铁华. 现象相似、相似定理与相似指标求取[J]. 组成技术与生产现代化, 1997, (4):3-14.

[109] 徐挺. 相似方法及其应用[M]. 北京: 机械工业出版社, 1995.

[110] л. и. 谢多夫. 力学中的相似方法与量纲理论[M]. 沈青 译. 北京：科学出版社，1982.

[111] 宋逸先. 实验力学基础[M]. 北京：水利电力出版社，1984.

[112] 周维垣，林鹏，杨若琼，等. 高拱坝地质力学模型试验方法与应用[M]. 北京：中国水利水电出版社，2008.

[113] Szucs E. Similitude and Modeling[M]. New York: Elsevier Scientific publishing Company，1980.

[114] 湖南大学. 建筑结构试验[M]. 北京：中国建筑工业出版社，1997.

[115] 姚振纲，刘祖华. 建筑结构试验[M]. 上海：同济大学出版社，1996.

[116] 李德寅，王邦楣，林亚超. 结构模型实验[M]. 北京：科学出版社，1996.

[117] 宋彧，李丽娟，张贵文. 结构试验基础教程[M]. 兰州：甘肃民族出版社，2001.

[118] 徐芝纶. 弹性力学简明教程[M]. 3 版.北京：高等教育出版社，2002.

[119] 赵均海，汪梦甫. 弹性力学及有限元[M]. 武汉：武汉理工大学出版社，2003.

[120] 王仁，熊祝化，黄文彬. 塑性力学基础[M]. 北京：科学出版社，1982.

[121] 杨伯源，张义同. 工程弹塑性力学[M]. 北京： 机械工业出版社，2003.

[122] 毕继红. 工程弹塑性力学[M]. 天津：天津大学出版社，2003.

[123] 姚谦峰，陈平. 土木工程结构试验[M]. 北京：中国建筑工业出版社，2001.

[124] 林韵梅. 实验岩石力学——模拟研究[M]. 北京：煤炭工业出版社，1984.

[125] 郑颖人，沈珠江，龚晓南. 岩土塑性力学原理[M]. 北京：中国建筑工业出版社，2002.

[126] 蔡美峰，何满朝，刘东燕. 岩石力学与工程[M]. 北京：科学出版社，2002.

[127] 杜凤山. 相似有限元理论[J]. 燕山大学学报，1998，(4)：286-289.

[128] 张强勇，李术才，焦玉勇. 岩体数值分析方法与地质力学模型试验原理及工程应用[M]. 北京：中国水利水电出版社，2005.

[129] 陈国荣，吴中如，曹明，等. 拱坝坝肩稳定的地质力学整体模型试验研究[J]. 岩土工程学报，1985，(1)：42-48.

[130] 龚召熊，郭春茂，刘建. 地质力学模型新技术研究——用离心机作静力结构模型试验[J].长江科学院院报，1991，8(2)：1-8.

[131] 黄薇，陈进.离心结构模型试验相似材料的研究[J].长江科学院院报，1996，13(1)：40-44.

[132] 陈进，黄薇. 江阴长江大桥南塔墩地质力学模型试验[J]. 地球科学，2001，(4)：391-394.

[133] 混凝凝土拱坝设计规范(SL 282—2003).

[134] 混凝凝土拱坝设计规范(DL/T 5346—2006).

[135] 李桂林，张林，何江达. 物理模型与数学模型对比分析沙牌拱坝的结构特性[J]. 水力发电，2005，(2)：31-34.

[136] 段龙海，张林，杨宝全，等. 基于三维地质学模型试验的溪洛渡高拱坝坝肩稳定性研究[J]. 水电站设计，2010，26(1)：60-63.

[137] 陈建叶，张林，陈媛，等. 武都碾压混凝土重力坝深层抗滑稳定破坏试验研究[J]. 岩石力学与工程学报，2007，26(10)：2097-2103.

[138] 张林，陈建叶. 水工大坝与地基模型试验及工程应用[M]. 成都：四川大学出版社，2008.

[139] 水利水电工程地质勘察规范(GB 50487-2008).

[140] 刘远明，夏才初.非贯通节理岩体直剪试验研究进展[J].岩土力学，2007，28(8)：1719-1724.

[141] Hill K O，Fujii Y，Johnson D C，et al. Photo-sensitivity in optical fiber waveguide: Application to reflection filter fabrication[J].Applied Physics Letters，1978，32(10)：647-648.

[142] 张兴周.光纤光栅与光纤传感技术[J].光学技术，1998，7(4):70-73.

[143] 靳伟，阮双深.光纤传感技术新进展[M].北京:科学出版社，2005.

[144] 架桂冬，张金铎，金欢阳.传感器及其应用[M].西安:西安电子科技大学出版社，2002.

[145] 廖延彪.光纤光学[M].北京:清华大学出版社，2000.

[146] 杜善义，冷劲松，王殿富.智能材料系统和结构[M].北京:科学出版社，2001.

[147] 周国鹏.光纤布喇格光栅(FBG)传感器封装技术的研究[J]. 压电与声光，2010，32(4):534-538.

[148] 任亮，李宏男，胡志强.一种增敏型光纤光栅应变传感器的开发及应用[J].光电子激光，2008，19(11)：1437-1441.

[149] 何俊，周智，董慧娟. 灵敏度系数可调布拉格光栅应变传感器的设计[J]. 光学精密工程，2010，18(11)：2339-2344.

[150] Measures R M，Alavie T，Maakant R，et al. Bragg grating fiber optic sensing for bridge and other structure[C].2nd European Conference on Smart Structures and Materials，Glagow，1994: 162-167.

[151] 刘春桐,涂洪亮,李洪才. 全金属封装光纤光栅的温度传感特性研究[J]. 传感器与微系统，2008，27(10)：58.

[152] 李阔,周振安,刘爱. 一种高温下高灵敏光纤光栅温度传感器的制作方法[J]. 光学学报，2009，29(1)：249-251.

[153] 何伟,徐先东,姜德生.聚合物封装的高灵敏度光纤光栅温度传感器及其低温特性[J]. 光学学报，2004，24(10)：1316-1318.

[154] Xu M G，Reekie L，Chow Y T，et al. Optical in- fibre grating high pressure sensor[J].Electronics Letters，1993，29(4):398-399.

[155] 罗建花,开桂云,刘波. 轮辐式光纤光栅压力传感器的设计与实现[J]. 光子学报，2006，35(1)：105-108.

[156] 胡志新，朱军，张陵. 光纤光栅压力传感器中应力迟滞的消除方法[J]. 光子学报，2006，35(9)：1329-1332.

[157] 黄润秋，胡卸文.金沙江溪洛渡水电工程岩体结构模型及其工程应用研究[D]. 成都:成都理工学院，1997.

[158] 黄润秋，王士天，胡卸文，等.高拱坝坝基重大工程地质问题研究[M].成都:西南交通大学出版社，1991.

[159] 金健，崔进，池明阳. 四川木里河立洲水电站可行性研究报告[R].成都：中国水电顾问集团贵阳勘测设计研究院，2008.